U0414760

网页美工

——网页色彩与布局设计

崔建成　编　著

電子工業出版社
Publishing House of Electronics Industry
北京 · BEIJING

内 容 简 介

该书主要分为上下两篇——网页色彩设计与网页布局设计。上篇网页色彩设计主要讲解了色彩基础、网页色彩的组成、网页色彩的搭配、网页要素的色彩设计、网页色彩应用分析和网页色彩设计的趋势；下篇网页布局设计主要讲解网页创意设计、网页布局的要素、网页布局的方法、网页布局的技巧以及网页的未来流行趋势。

全书从色彩与布局两方面入手，通过引用国内外大量实例，全面分析网页色彩与布局的设计潮流，完整阐述了网页配色与布局的各种技巧和方法，从而帮助用户提高网页配色水平，加深对网页色彩与布局设计知识的理解。最后结合当今时代下网页的流行趋势和今后网页设计的发展思路进行总结和归纳，以便读者参考。

本书内容深入浅出、语言通俗、案例分析精辟，适合作为高等院校、高职高专等专业学生教材，对于专业的网站美工来说，更是一本难得的参考书。

未经许可，不得以任何方式复制或抄袭本书之部分或全部内容。
版权所有，侵权必究。

图书在版编目（CIP）数据

网页美工：网页色彩与布局设计 / 崔建成编著. —北京：电子工业出版社，2016.12

ISBN 978-7-121-30560-3

Ⅰ. ①网… Ⅱ. ①崔… Ⅲ. ①网页制作工具—中等专业学校—教材 Ⅳ. ①TP393.092

中国版本图书馆 CIP 数据核字（2016）第 294639 号

策划编辑：杨　波
责任编辑：郝黎明
印　　刷：天津千鹤文化传播有限公司
装　　订：天津千鹤文化传播有限公司
出版发行：电子工业出版社
　　　　　北京市海淀区万寿路 173 信箱　邮编　100036
开　　本：787×1 092　1/16　印张：12.25　字数：313.6 千字
版　　次：2016 年 12 月第 1 版
印　　次：2019 年 3 月第 3 次印刷
定　　价：39.80 元

凡所购买电子工业出版社图书有缺损问题，请向购买书店调换。若书店售缺，请与本社发行部联系，联系及邮购电话：（010）88254888，88258888。

质量投诉请发邮件至 zlts@phei.com.cn，盗版侵权举报请发邮件至 dbqq@phei.com.cn。

本书咨询联系方式：（010）88254617，luomn@phei.com.cn。

前言 | PREFACE

网络似乎是当今人类一个不可分割的一部分。透过冰冷的屏幕似乎这种渐渐高端的技术人们看不见摸不着，蚂蚁一样繁杂的代码也不是谁都读得懂，但这种网络技术最终呈现在人们面前的也并不是一堆的代码，而是如繁花搬灿烂的网页，也就是本书的主题——网页美工。

网络的重要载体就是各种各样、各式各类的网站。每个网站都有它独特的特点，而网页可以说是网站构成的基本元素。随着以视觉为主体的信息化时代的到来，网页设计作为艺术设计的重要组成部分和视觉信息传达的重要手段之一，已经被广泛应用到多种视觉媒介设计领域中。那么，网页的精彩与否的因素是什么呢？除了文字的变化、图片的处理外，还有一个非常重要的因素 网页的色彩与布局。

网页设计中的色彩设计是影响网页整体美观和视觉效果的重要因素之一，理解和掌握色彩设计的相关知识是设计网页的前提条件。不同的颜色带给人不同的心理感受，同时它承载的主题也不同，所以一个网站的成功与否，色彩的设计占了很大的比重。本书就是基于此基础上给读者以答疑解惑。

网页的布局，通俗理解就是把需要放进网页中的这些内容元素，根据需求进行排列组合，使其既切合主题又赏心悦目。似乎这几个形容词看起来很不容易达到标准，没错！每个网页是需要给各行各业、各类人群来看的，每个人都有不同的眼光和喜好，要达到人人都满意这非常难，但也并不是难于登天。一个网页，不论商业性的还是公益性的，总有一个大的方向在里面；一个网页，虽说是任何人都可以浏览，但总有特定的受众人群在其中。抓住这两点，网页的编排和组合似乎也并不是那么难以下手了，而本书就是在这两点的基础上给读者更加细分。

儿时的写作学习，老师教会我们把时间、地点、人物、前因、后果交代完毕，一篇还算完整的作文架构就完成了，网页设计也是如此，在一定的架构下充实网页的内容才能使网页设计看起来条理、完整、丰富且具有创意。这架构指的就是尺寸、页眉、文字、页脚、图片、导航栏等方面，这些方面组成网页的一个完整骨骼，所以本书正是运用网页布局的方法、网页布局的技巧、网页类型等几个层次来由浅入深地探讨网页布局的各类方法。

一个成熟的网页在公诸于世人面前还需要给它穿上华美的衣服，使它不仅饱满，还更加的婀娜。而这华美的衣裳就是色彩，从色彩的基本知识入手，为网页配色提前做好基础知识准备。其次对网页色彩的四大组成进行讲解，着手培养读者对网页配色的感觉。然后将大量国内外的具体网站作为案例进行详细剖析，对网页配色的各种技巧和方法进行完整阐述。再针对网页设计中的组成要素进行色彩知识的讲解，使得设计师加深对网页色彩设计知识的理解。

本书色彩部分引用国内外大量实例全面分析网页色彩的设计潮流，从而帮助设计师提高网页配色水平，完善设计作品；布局部分结合当今时下网页的流行趋势和今后网页设计的发展思路进行总结和归纳，以便读者参考。

特别声明：书中引用的图片及有关作品仅供教学分析使用，版权归原作者所有，由于获得渠道的问题，因此未能与作者一一联系，在此表示衷心感谢！

本书由青岛科技大学崔建成编著，张喆仑、李洋、王文华担任副主编。由于时间紧迫，书中不妥之处在所难免，恳请各位读者批评指正。

CONTENTS | 目录

上篇　网页色彩设计

下篇 网页布局设计

上篇

网页色彩设计

第1章

色彩基础

在众多的同类型网站中如何使自己设计的网站脱颖而出，成为一个网页设计师首先必须面对的问题。因为设计师在决定了一个网站风格的同时，也决定了网站的情感，而情感的表达很大程度上取决于颜色的选择。设计师在考虑这一问题的时候，除了利用平面构成理论对网页的布局做精心规划外，还必须利用色彩加强网页的视觉冲击力，只有二者间的有效配合，才能使创作的网页不但主题鲜明，而且具有强烈的设计感和艺术性，提高网页的访问率，增加网站的知名度。

既然在网页设计中色彩可以对网站有如此大的影响力，那么如何合理利用色彩的设计原则创造出一个吸引大众的网页呢？关键就是恰当地运用设计元素在视觉传达中表现出设计者符合主题的理念和艺术主张。一名优秀的网页设计师往往能够成功地将理论的表达和传递形式运用在网页设计中，设计出受众认可，且具有良好艺术性和阅读性的网页。

在网页设计中，利用平面构成理论指导的版式设计和利用色彩构成理论指导的页面设计相结合，可以获得令人瞩目的效果，即页面的布局合理、页面的色彩和谐。

1.1 色彩的构成原理

1.1.1 色彩的形成

物体表面色彩的形成取决于3个方面：光源的照射、物体本身反射一定的色光、环境与空间对物体色彩的影响。

光源色：由各种光源发出的光，光波的长短、强弱、比例性质的不同形成了不同的色光，称为光源色，如表 1-1 所示。

表 1-1　光源色

颜色	波长/nm	范围/nm
红	700	640～750
橙	620	600～640
黄	580	550～600
绿	520	480～550
蓝	470	450～480
紫	420	400～450

物体色：物体本身不发光，它是光源色经过物体的吸收反射，反映到视觉中的光色感觉，通常把这些本身不发光的色彩统称为物体色。

1.1.2　色彩的基本知识

显示器的颜色属于光源色。在显示器屏幕内侧均匀分布着红色（Red）、绿色（Green）、蓝色（Blue）的荧光粒子，RGB 色彩模式如图 1-1 所示。当接通显示器电源时显示器发光并以此显示出不同的颜色。显示器的颜色是通过光源三原色的混合显示出来的，根据 3 种颜色内含能量的不同，显示器可以显示出多达 1600 万种颜色。

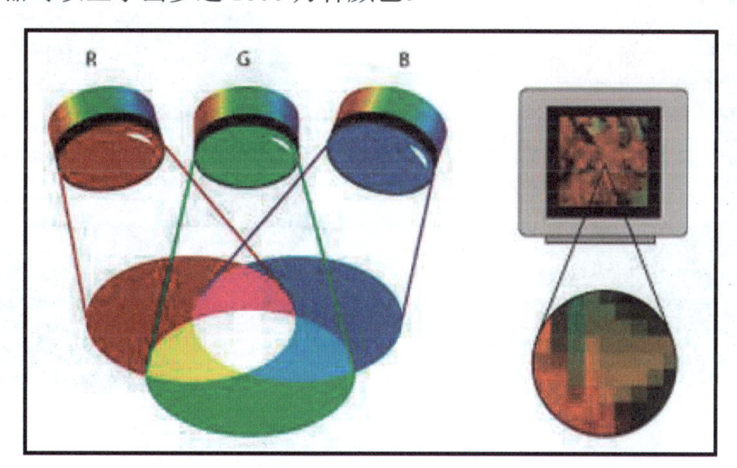

图 1-1　RGB 色彩模式

也就是说，显示器中的所有颜色都是通过红色、绿色、蓝色这三原色的混合来显示的，将显示器的这种颜色显示方式统称为 RGB 色系或颜色空间。在日常生活中人们并不会过多地提及 RGB 颜色体系的概念，但因为网页设计师都需要使用 RGB 颜色模式，所以在这里要强调指出。

不论任何色彩，皆具备 3 个基本的重要性质：色度、明度、纯度，一般称为色彩三要素或色彩三属性。

1. 色相

色相（Hue）又叫色名（简称H；或译为色相），是区分色彩的名称，也就是色彩的名字，就如同人的姓名一般，用来辨别不同的人。

2. 明度

明度（Value，简称V）光线强时，感觉比较亮，光线弱时感觉比较暗，色彩的明暗强度就是所谓的明度，明度高是指色彩较明亮，而相对的明度低，就是色彩较灰暗。

3. 纯度

纯度（Chroma）又叫彩度（简称C），是指色彩的纯度，通常以某彩色的纯度所占的比例，来分辨纯度的高低，纯色比例高为纯度高，纯色比例低为纯度低。在色彩鲜艳状况下，通常很容易感觉高纯度，但有时不易做出正确的判断，因为容易受到明度的影响，如人们最容易误会的是，黑、白、灰色是无纯度的，它们只有明度。

1.1.3 色彩的组成

1. 基本色

一个色环通常包括12种明显不同的颜色，如图1-2所示。色相环还可以细分为24色，如图1-3所示，甚至更多的颜色。

图1–2　12色色相环

图1–3　24色色相环

2. 三原色

从定义上讲，三原色是能够按照一些数量规定合成其他任何一种颜色的基色。红、黄、蓝三原色也可以构成网页色彩，因为三原色的纯度都比较高，所以视觉效果会很强烈。如图1-4所示，就是三原色组成的网页图形。

3. 近似色

近似色是色相环中相类似的颜色，如红色与橙红色或紫红色相配，黄色与草绿色或橙黄色相配等。如果从橙色开始，并且想要它的两种近似色，就应该选择红色和黄色。用近似色的颜色，主题可以实现色彩的融洽与融合，与自然界中能看到的色彩接近。近似色组成的网页效果如图 1-5 所示。

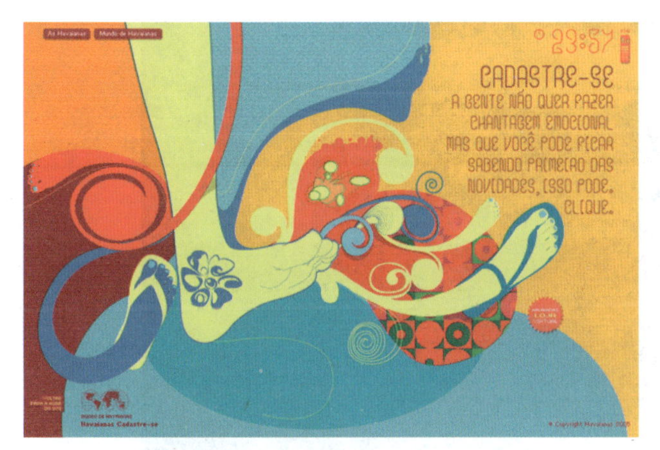

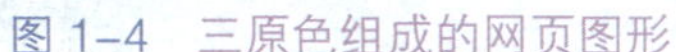
图 1–4　三原色组成的网页图形

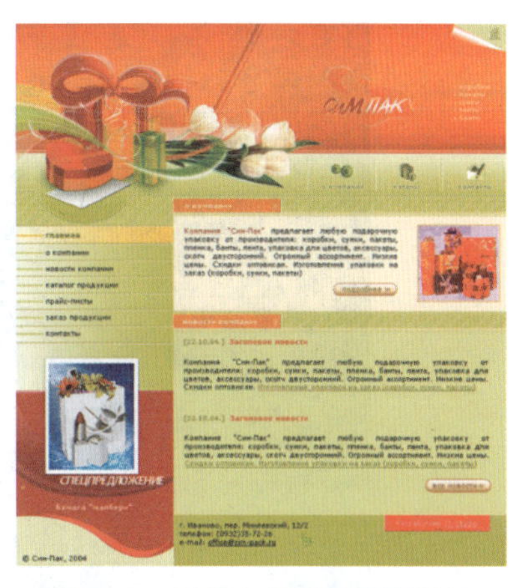

图 1–5　近似色组成的网页效果

4. 补色

正如人们所知道的相对色一样，补色是色环中的直接位置相对的颜色，如图 1-2 中经过圆心的直线所连接的两种颜色。若要使色彩强烈突出，则选择对比色比较好。假如正在组合一幅柠檬图片，用蓝色背景将使柠檬更加突出。补色组成的网页效果如图 1-6 所示。

5. 暖色

暖色由红色调组成，如红色、橙色和黄色。它们给选择的颜色赋予温暖、舒适和活力，它们也产生了一种色彩向浏览者显示或移动，并从页面中突出出来的可视化效果。暖色组成的网页效果如图 1-7 所示。

图 1–6　补色组成的网页效果

图 1–7　暖色色调组成的网页效果

6. 冷色

冷色来自于蓝色色调，如蓝色、青色和绿色。这些颜色将对色彩主题起到冷静的作用，它们看起来有一种从浏览者身上收回来的效果，因此它们被用作页面的背景色比较好。需要说明的是，在不同的书中，这些颜色组合有不同的名称。但是如果能够理解这些基本原则，它们将对网页设计十分有益。冷色调组成的网页效果如图 1-8 所示。

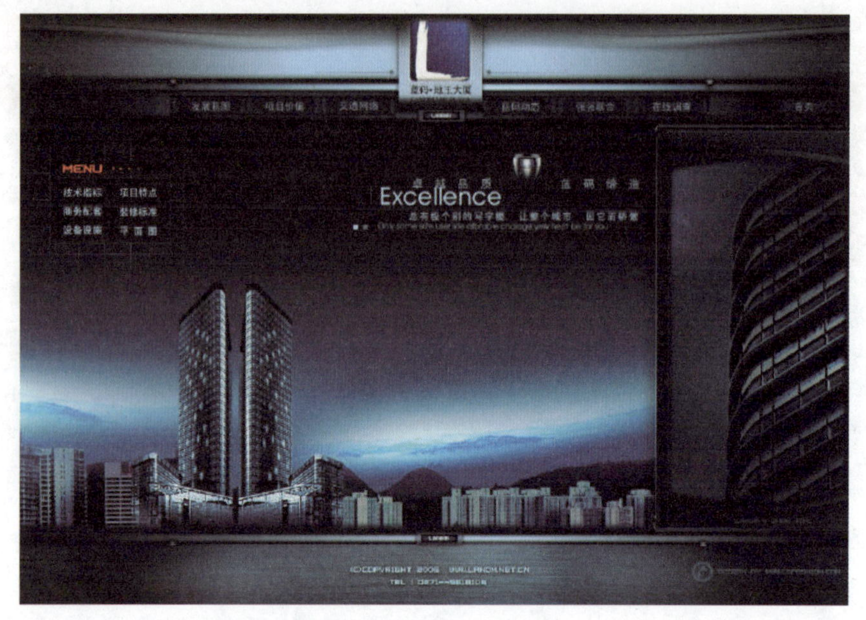

图 1–8 冷色调组成的网页效果

1.2 色彩的印象

当看到色彩时，除了会感觉其物理方面的影响，心里也会立即产生相应的感觉，这种感觉一般难以用言语形容，人们称之为印象，也就是色彩印象。如果有一个能够合理客观地分析出这种感觉差异的标准，那么就可以利用它说明这种感觉上的差异了。

1.2.1 红色的色彩印象

红色是强有力的色彩，是热烈、冲动的色彩，容易引起注意，所以在各种媒体中也被广泛地利用，除了具有较佳的明视效果之外，更被用来传达有活力、积极、热诚、温暖、前进等含义的企业形象与精神，另外红色也常用作警告、危险、禁止、防火等标示用色，人们在一些场合或物品上，看到红色标示时，常不必仔细看内容，已能了解警告危险之意，在工业安全用色中，红色即是警告、危险、禁止、防火的指定色。著名色彩学约翰·伊顿教授描绘了受不同色彩刺激的红色。他说：在深红的底子上，红色平静下来，热度在熄灭着；在蓝绿色底子上，红色就像炽烈燃烧的火焰；在黄绿色底子上，红色变成一种冒失的、莽撞的闯入者，激烈而又寻常；在橙色的底子上，红色似乎被郁积着，暗淡而无生命，好像烧焦似的。

红色与黑色搭配，在商业设计中被誉为商业成功色，鲜亮的红色多用于小面积的点缀色，红色在不同明度、纯度的状态（粉红、鲜红、深红）里所表达的情感是不一样的。

在网页颜色的应用的概率中纯粹使用红色为主色调的网站相对较少，通常都配以其他颜色进行调和。不同的红色给人的感受是完全不同的，粉红色明度高，纯度低，视觉刺激弱、柔和，女性特征比较明显，给人一种鲜嫩、温柔、纯真、诱惑的感受，一般适用于表现女性（化妆品、内衣）主题的网站，如图 1-9 所示，曼蝶莉网站的主色调为粉红色，将女人与内衣完美地结合在一起，视觉效果极佳；而鲜艳的红色正好相反，明度低、纯度高，视觉刺激强，同时也容易造成视觉疲劳。鲜艳的红色男性特征明显，刚烈而又外向，给人一种热烈、冲动、警示的心理感受，如图 1-10、图 1-11 所示，表现出一种热情、奔放，具有男性特征的网站主页。深红色则是在原有红色的基础上降低明度，红色的明度越低，就容易制造出深邃、神秘的气氛；玫瑰红在红色系里属于冷色系，与其他红色相比，有着微妙的色相变化，玫瑰红营造的是一种娇媚、艳丽的气氛，适用于女性用品及品牌服装的网站。

图 1-9 曼蝶莉网站

图 1-10 刘翔个人官方网站

图 1-11 可口可乐公司网站

1.2.2 橙色的色彩印象

橙色的波长仅次于红色，因此它也具有长波长导致的特征：使脉搏加速，并有温度升高的

感受。橙色是十分活泼的光辉色彩，是暖色系中最温暖的色彩，它使人们联想到金色的秋天和丰硕的果实，因此是一种富足的、快乐而幸福的色彩。另外，橙色明视度高，在工业安全用色中，橙色即是警戒色，如火车头、登山服装、背包、救生衣等，由于橙色非常明亮刺眼，有时会使人有负面低俗的印象，这种状况尤其容易发生在某些类型网站的设计上，所以在运用橙色时，要注意选择搭配的色彩和表现方式，才能把橙色明亮活泼具有动感的特性发挥出来，如图 1-12 所示的 rufus 网站橙色与其他几种颜色的大胆运用，看似橙色以配角的身份出现，实际却占据着主导地位，有强调、醒目的效果。

图 1-12　rufus 网站

橙色和许多食物的颜色类似，如橙子、面包及油炸食品，是容易引起食欲的色彩，如图 1-13、图 1-14 所示的以水果为主题的、以橙色为主色调的网站。

图 1-13　GIAN 网站

图 1-14　Markiewicz 网站

其实当橙色稍稍混入黑色或白色，会成为一种稳重、含蓄有明快的暖色，但混入较多的黑色后，就成为一种烧焦的色，如图 1-15 所示。橙色中加入较多的白色会带有一种甜腻的味道，如图 1-16 所示。橙色与蓝色的搭配，构成了最响亮、最欢快的色彩，如图 1-17 所示。如图 1-18

所示，整个页面从中橙色到深橙色，既传达着温暖、华美、收获、辉煌、豪华、兴奋、时尚的心理感受，又传达着华丽、古典、信仰、跳跃、和谐的心理感受。

图 1-15　玖玖爱食品公司网站

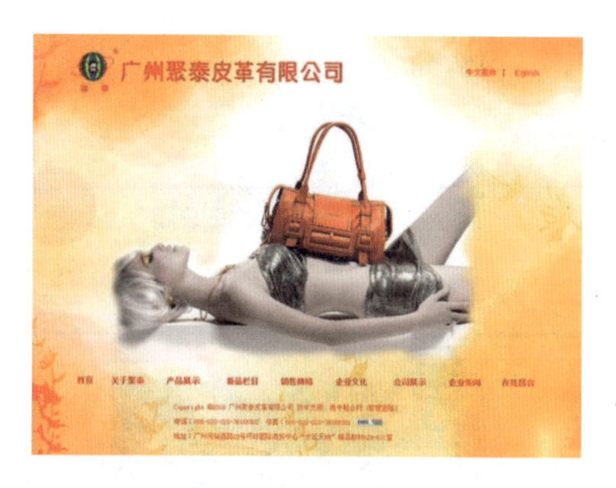

图 1-16　广州聚泰皮革公司网站

图 1-17　儿童频道的主页

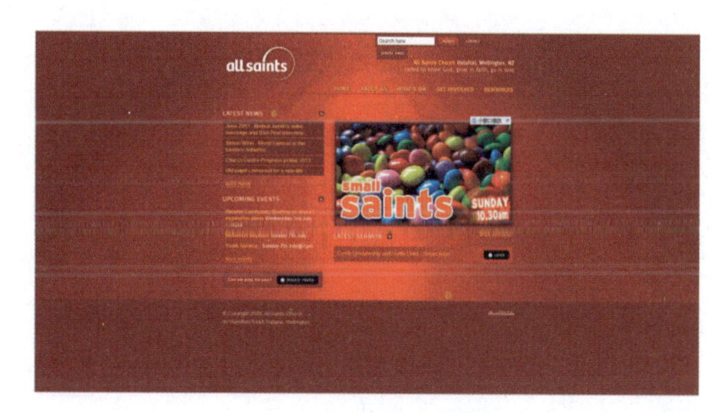

图 1-18　allsants 网站

1.2.3　黄色的色彩印象

黄色是亮度最高的色，在高明度下能够保持很强的纯度。黄色的灿烂、辉煌，有着太阳般的光辉，因此象征着照亮黑暗的智慧之光；黄色有着金色的光芒，因此又象征着财富和权利，它是骄傲的色彩。黑色或紫色的衬托可以使黄色达到力量无限扩大的强度。白色是吞没黄色的色彩，淡淡的粉红色也可以像美丽的少女一样将黄色这骄傲的王子征服。也就是说，黄色最不能承受黑色或白色的侵蚀，这两个颜色只要稍微地渗入，黄色即刻失去光辉。另外，黄色明视度高，在工业安全用色中，黄色即是警告危险色，常用来警告危险或提醒注意，如交通号志上的黄灯，工程用的大型机器，学生用雨衣、雨鞋等，都使用黄色。如图1-19 所示，黄色给人一种幸福、明朗愉快的感觉，黄色的主色调有快乐、轻松的个性，强化了网站活泼欢快的主题，同时黄色与黑色结合可以得到清晰、明朗的效果，追求阳光、明快效果的网站很适合选择黄色。

其实黄色与某些食物的色彩非常相似，因此，黄色也是引起食欲的色彩之一，很多饮食类网站都使用黄色作为主色调，如图 1-20 所示。

图 1-19　CL 设计网站

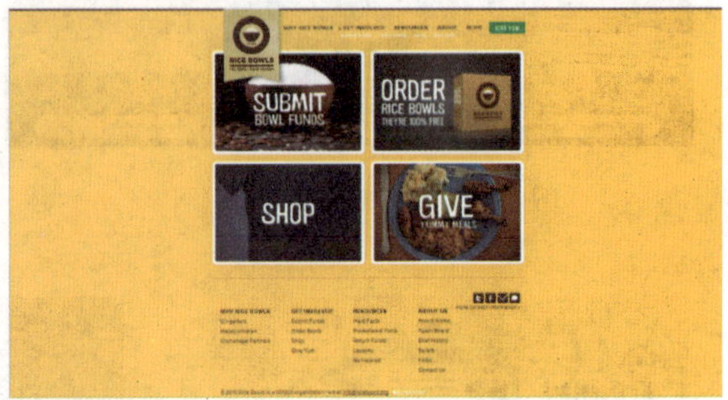

图 1-20　RICE BOWLS 网站

1.2.4　绿色的色彩印象

绿色在黄色和蓝色（冷暖）之间，属于较中庸的颜色，这样使得绿色的性格最为平和、安稳、大度、宽容。绿色是一种柔顺、恬静、满足、优美、受欢迎之色，也是网页中使用最为广泛的颜色之一，如图 1-21 所示。

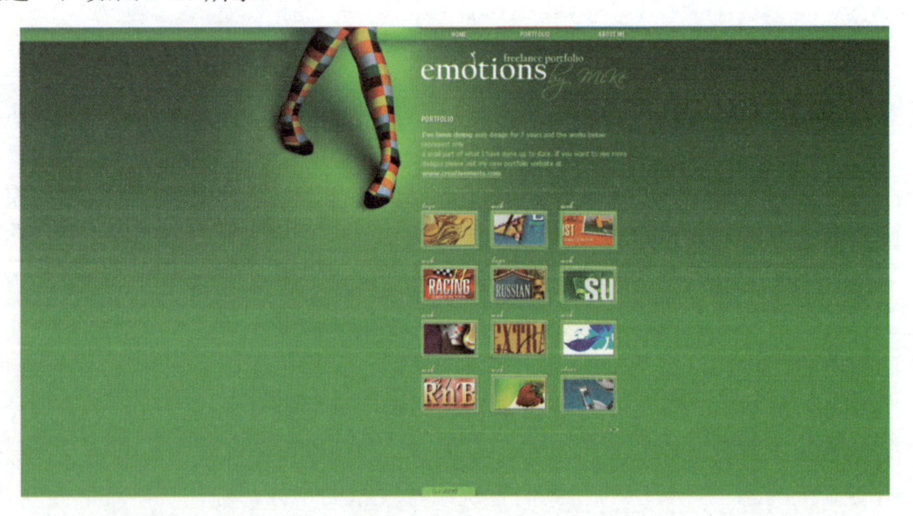

图 1-21　emotionslive 网站

绿色与人类息息相关，是永恒的、欣欣向荣的自然之色，代表了生命与希望，也充满了青春活力，如图 1-22 所示。绿色象征着和平与安全、发展与生机、舒适与安宁、松弛与休息，有缓解眼部疲劳的作用。

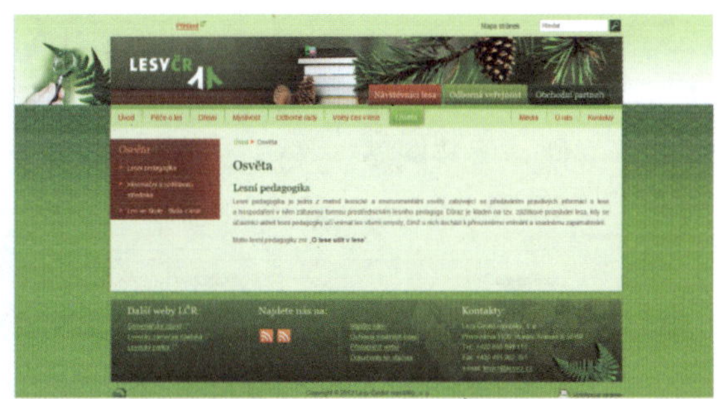

图 1–22　LESYCR 网站

绿色本身具有一定的与自然、健康相关的感觉，所以也经常用于与自然、健康相关的站点。绿色还经常用于一些公司的公关站点或教育站点。

绿色能使人们的心情变得格外明朗。黄绿色代表清新、平静、安逸、和平、柔和、春天、青春、升级的心理感受，如图 1-23 所示，当表现蔬菜、水果、绿色饮品等主题时，适合采用绿色为主调。

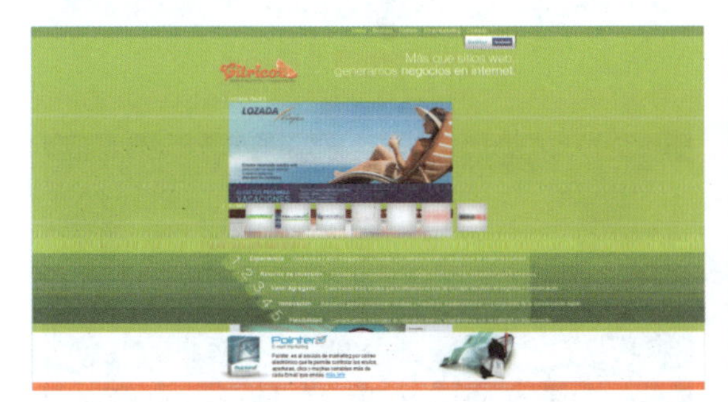

图 1–23　Citricox 网站

鲜艳的绿色非常美丽、优雅，特别是用现代化技术创造的最纯的绿色，是很漂亮的颜色。绿色很宽容、大度，无论蓝色还是黄色的渗入，仍旧十分美丽。黄绿色单纯、年轻；蓝绿色清秀、豁达；含灰的绿色，也是一种宁静、平和的色彩，就像暮色中的森林或晨雾中的田野那样。在设计中，绿色所传达的清爽、理想、希望、生长的印象，符合了服务业、卫生保健业的诉求，在工厂中为了避免操作时眼睛疲劳，许多工作的机械也是采用绿色，一般的医疗机构场所，也常采用绿色作空间色彩规划即标示医疗用品。

1.2.5　蓝色的色彩印象

蓝色是博大的色彩，天空和大海最辽阔的景色都呈蔚蓝色，无论深蓝色还是淡蓝色，都会使人们联想到无垠的宇宙或流动的大气，因此，蓝色也是永恒的象征。蓝色是最冷的颜色，使人们联想到冰川上的蓝色投影。蓝色在纯净的情况下并不代表感情上的冷漠，它只不过代表一种平静、理智与纯净而已。真正令人的情感缩到冷酷悲哀的颜色，是那些被弄混浊的蓝色。由于蓝色沉稳的特性，具有理智、准确的印象，在设计中，强调科技、效率的商品或企业形象，大多选用蓝色作为企业标准色，如计算机、汽车、影印机、摄影器材等，另外蓝色也代表忧郁，这是受了西方文化的影响，这个印象也运用在文学作品或感性诉求的设计中。蓝色与红、黄等颜色运用得当，可以构成和谐对比的调和关系，如图 1-24 所示。

通常浅蓝色调传达着深远、永恒、沉静、无限、理智、诚实、寒冷的心理感受，如图 1-25 所示；中蓝色调传达着淡雅、清新、浪漫、高级的心理感受，如图 1-26 所示，也常常用于化妆品、女性、服装网站；深蓝色调传达着稳重、冷静、严谨、冷漠、深沉、成熟的心理感受，如图 1-27 所示。

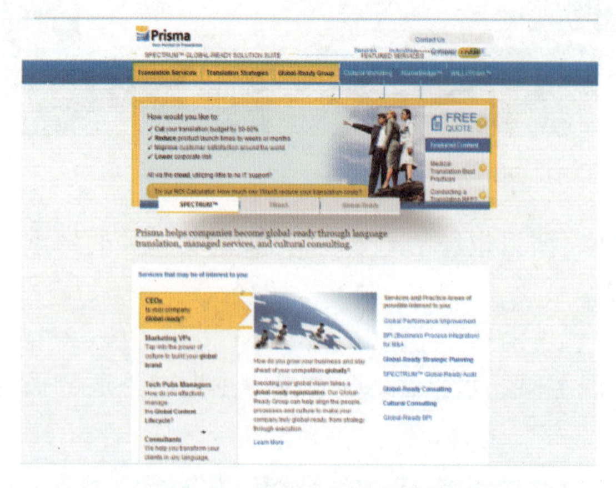

图 1-24　蓝色与黄色搭配

图 1-25　浅蓝色调

图 1-26　中蓝色调

图 1-27　深蓝色调

1.2.6　紫色的色彩印象

紫色由于具有强烈的女性化性格，在设计用色中，紫色也受到相当的限制，除了和女性有关的商品或企业形象之外，其他类的设计不常采用为主色，如图1-28所示的网站。波长最短的可见光是紫色波。通常，人们会觉得环境中有很多紫色，因为红色加少许蓝色或蓝色加少许红色都会明显地呈紫色，所以很难确定标准的紫色。伊顿教授对紫色做过这样的描述：紫色是非知觉的色，神秘，给人印象深刻，有时给人以压迫感，并且因对比的不同，时而富有威胁性，时而又富有鼓舞性，如图 1-29 所示的网站，当鼠标指针指向任一色带时都会变成紫色。当紫色以色域出现时，便可能明显产生恐怖感，在倾向于紫红色时更是如此。歌德说："这类色光投射到一副景色上，就暗示着世界末日的恐怖。”对紫色的感觉，有人形容为，“紫色是很暖昧的色彩，如同广东人煲的某种浓汤。”

图 1-28　WOMAN to Woman 网站

图 1-29　NEWISM 网站

用紫色表现混乱、死亡和兴奋，用蓝紫色表现孤独与献身，用红紫色表现神圣的爱和精神的统辖领域——简而言之，这就是紫色色带的一些表现价值。

伊顿教授对紫色的描述，的确能给人们以启示，它似乎是色环上最消极的色彩。尽管它不像蓝色那样冷，但红色的渗入使它显得复杂、矛盾。紫色处于冷暖之间游离不定的状态，加上它的低明度的性质，也许就构成了这一色彩在心理上引起的消极感。与黄色不同，紫色可以容纳许多淡化的层次，一个暗的纯紫色只要加入少量的白色，就会成为一种十分优美、柔和的色彩。随着白色的不断加入，也就不断地产生出许多层次的淡紫色，而每一层次的淡紫色，都显得很柔美、动人，如图 1-30 所示的 MONTERE 网站。

图 1-30　MONTERE 网站

通常中紫色调传达着高贵、优雅、幻想、神秘、庄重的心理感受；浅紫色调传达着妖媚、优雅、娇气、清秀、梦幻的心理感受并充满女性的魅力；深紫色调传达着华贵、深远、神秘、寂寞、珍贵的心理感受，散发着强烈的女性气息，如图 1-31 所示的百福珠宝网站。

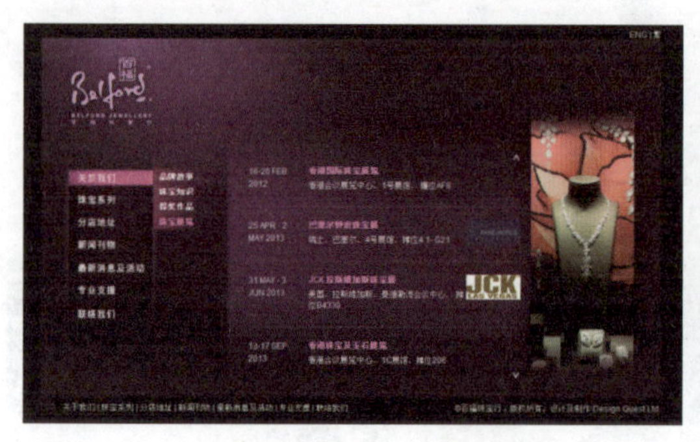

图 1-31　百福珠宝网站

1.2.7　灰色的色彩印象

灰色介于黑色和白色之间，属中性色，中等明度，是无色彩或极低色彩的颜色。灰色能够吸收其他色彩的活力，削弱色彩的对立面，而制造出融合的作用。

灰色是一种中立色，具有中庸、平凡、温和、谦让、中立和高雅的心理感受，也被称为高级灰，是经久不衰、最经看的颜色。

任何色彩加入灰色都能显得含蓄而柔和。但是灰色在给人高品位、含蓄、精致、雅致耐人寻味的同时，也容易给人颓废、苍凉、消极、沮丧、沉闷的感受，如果搭配不好，页面容易显得灰暗、脏。

从色彩学上来说，灰色调又泛指所有含灰色度的复合色，而复合色又是 3 种以上颜色的调和色。色彩可以有红灰、黄灰、蓝灰等上万种彩色灰，这都是灰色调，而并不单指纯正的灰色。

在设计中，灰色具有柔和、高雅的印象，而且属于中间性格，男女皆能接受，所以灰色也是永远流行的主要颜色，在许多的高科技产品，尤其是和金属材料有关的，几乎都采用灰色来传达高科技的形象。使用灰色时，大多利用不同的层次变化组合或搭配其他色彩，才不会因为过于素、沉闷而有呆板、僵硬的感觉。但灰色也是最被动的色彩，它是彻底的中性色，依靠邻近的色彩获得生命，灰色一旦靠近鲜艳的暖色，就会显示出冷静的品格；若靠近冷色，则变为温和的暖灰色。与其用“休止符”这样的字眼来称呼黑色，不如把它用在灰色上，因为无论黑白的混合、补色的混合、全色的混合，最终都导致中性灰色。灰色意味着一切色彩对比的消失，是视觉上最安稳的休息点。然而，人眼是不能长久地、无限扩大地注视着灰色的，因为无休止的休息意味着死亡。如图 1-32 所示的 myownbike 网站，以浅灰色为主色调，背景中由几种不同明度的浅灰色构成，灰色之间的对比较弱，巧妙地衬托出前景的主角，微妙的灰色调变化使画面显得温和又雅致。

图 1-32　myownbike 网站

1.2.8 黑色与白色的色彩印象

在设计中，白色具有高级、科技的印象，通常需和其他色彩搭配使用，纯白色会带给人寒冷、严峻的感觉，所以在使用白色时，都会掺一些其他的色彩，如象牙白、米白、乳白、苹果白，在生活用品、服饰用色上，白色是永远流行的主要色，可以和任何颜色搭配。

黑色具有高贵、稳重、科技的印象，许多科技产品的用色，如电视机、跑车、摄影机、音响、仪器的色彩，大多采用黑色，在其他方面，黑色庄严的印象，也常用于一些特殊页面的网页设计，另类设计大多利用黑色来塑造高贵的形象，也是一种永远流行的主要颜色，适合和许多色彩搭配。如图 1-33 所示的 adidas design studios 网站，分别以白色、黑色为主色调，二者形成鲜明对比。

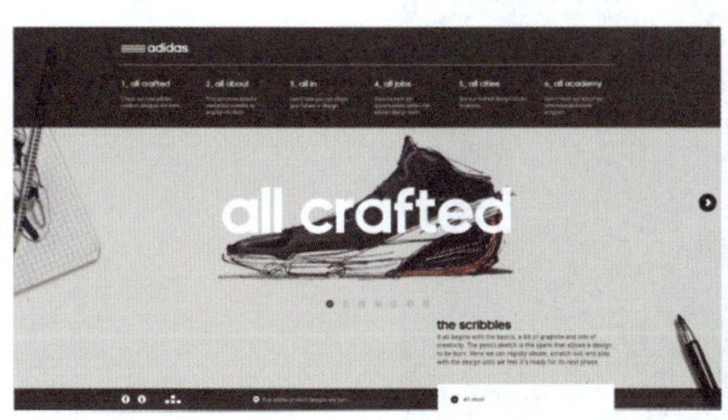

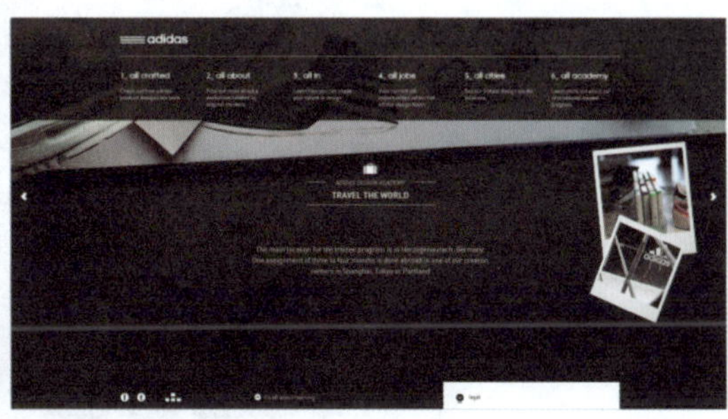

图 1-33 adidas design studios 网站

无彩色在心理上与有彩色具有同样的价值。黑色与白色是对色彩的最后抽象，代表色彩世界的阴极和阳极。太极图案就是用黑白两色的循环形式来表现宇宙永恒的运动。黑白所具有的抽象表现力及神秘感，似乎能超越任何色彩的深度。黑色意味着空无，像太阳的毁灭，像永恒的沉默，没有未来，失去希望。而白色的沉默不是死亡，而是有无尽的可能性。黑白两色是极端对立的颜色，然而有时候又令人们感到它们之间有着令人难以言状的共性。白色与黑色都可以表达对死亡的恐惧和悲哀，都具有不可超越的虚幻和无限的精神，黑白又总是以对方的存在显示自身的力量。它们似乎是整个色彩世界的主宰。

1.2.9 色彩印象小结

色彩的直接心理效应来自色彩的物理光刺激对人的生理发生的直接影响。心理学家对此曾做过许多实验。他们发现，在红色环境中，人的脉搏会加快，血压有所升高，情绪兴奋冲动。而处在蓝色环境中，脉搏会减缓，情绪也较沉静。有的科学家发现，颜色能影响脑电波，脑电波对红色的反应是警觉，对蓝色的反应是放松。自 19 世纪中叶以后，心理学已从哲学转入科学的范畴，心理学家注重实验所验证的色彩心理的效果。不少色彩理论中都对此做过专门的介绍，这些经验向人们明确地肯定了色彩对人心理的影响。

冷色与暖色是依据心理错觉对色彩的物理性分类，对于颜色的物质性印象，大致由冷、暖两个色系产生。波长长的红光和橙、黄色光，本身有温暖感，以此光照射到任何色都会有温暖感。相反，波长短的紫色光、蓝色光、绿色光，有寒冷的感觉。

冷色与暖色除去给人们温度上的不同感觉以外，还会带来其他的一些感受，如重量感、湿度感等。暖色偏重，冷色偏轻；暖色有密度强的感觉，冷色有稀薄的感觉；两者相比较，冷色的透明感更强，暖色则透明感较弱；冷色显得湿润，暖色显得干燥；冷色有很远的感觉，暖色则有迫近感。一般来说，在狭窄的空间中，若想使它变得宽敞，应该使用明亮的冷调。由于暖色有前进感，冷色有后退感，可在细长的空间中的两壁涂以暖色，近处的两壁涂以冷色，就会从心理上感到空间更接近方形。冷暖对比效果如图 1-34 所示。

图 1-34　冷暖对比效果

除去冷、暖色系具有明显的心理区别以外，色彩的明度与纯度也会引起对色彩物理印象的错觉。一般来说，颜色的重量感主要取决于色彩的明度，暗色给人以重的感觉，亮色给人以轻的感觉。纯度与明度的变化给人以色彩软硬的印象，如淡的亮色使人觉得柔软，暗的纯色则有强硬的感觉。纯度与明度的变化如图 1-35 所示。

 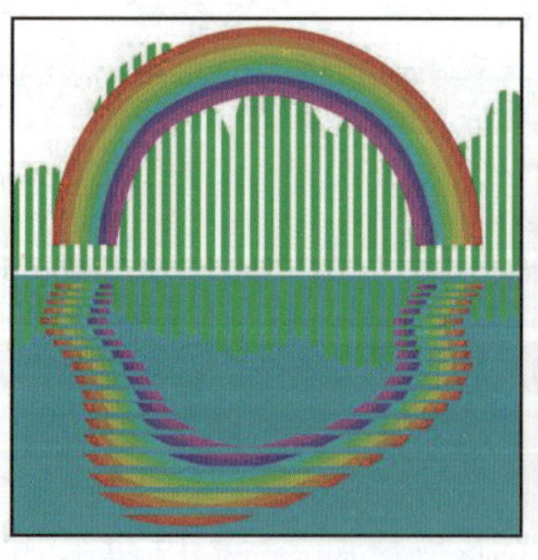 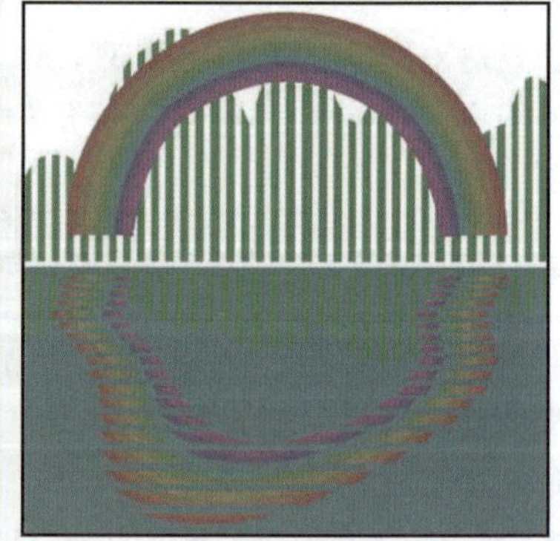

图 1-35　纯度与明度的变化

1.3　色彩对比

谈到色彩的对比，往往会给人一种误解就是色相的对比，如红黑的对比、红绿的对比，其实不然。色彩的对比不仅仅局限于色相之间的对比，通常指两种以上的色彩，以空间或时间关系相比较，表现出明显的差别，并产生比较作用。

红、黄、蓝是三原色，每一种颜色都有着极强的个性，3 种色彩放在一起时，大家会感觉到画面色彩鲜艳，在同等面积与相同纯度时，三者之间很难相互影响，始终保持各自的特征；而补色之间的对比则是一种极端的对比，红与绿搭配时，红的更红，绿的更绿。

按照色彩的对比规律而言，其大致可分为色相对比、明度对比、纯度对比、补色对比、冷暖对比、面积对比。

1.3.1 色相对比

色相对比是指两个或两个以上不同色相的色彩放在一起时所产生的色相差别对比，色相对比使色彩倾向趋于明显。当网页的主色相确定后，必须考虑其他色彩与主色相是什么关系，要表现什么内容及效果等，这样才能增强其表现力。

同类色的对比较为柔和，补色之间的对比则较为强烈。例如，将相同的橙色，放在红色或黄色上，将会发现，在红色上的橙色会有偏黄的感觉，因为橙色是由红色和黄色调成的，当它和红色并列时，相同的成分被调和而相异部分被增强，所以看起来比单独时偏黄，与其他色彩相比较时也会有这种现象，通常称为色相对比。除了色感偏移之外，对比的两色，有时还会发生互相色渗的现象，而影响相隔界线的视觉效果，当对比的两色具有相同的纯度和明度时，对比的效果越明显；当对比的两色越接近补色时，对比效果越强烈，如图 1-36、图 1-37 所示。

图 1-36 色相对比柔和

图 1-37 色相对比强烈

1.3.2 明度对比

因明度之间的差别形成的对比就是明度对比，如柠檬黄明度高，蓝紫色的明度低，橙色和绿色属中明度，红色与蓝色属中低明度。色彩间明度差别的大小，决定了明度对比的强弱。明度对比较强时可以产生光感，色彩的清晰度高；明度对比较弱时，给人一种不明朗、模糊的感觉，反之则会产生生硬感。

将相同的色彩，放在黑色和白色上，比较色彩的感觉，会发现黑色上的色彩感觉比较亮，放在白色上的色彩感觉比较暗，明暗的对比效果非常强烈明显。对配色结果产生的影响，明度差异很大的对比，会让人有不安的感觉。如图 1-38 所示，白底上的橙色文字效果就不及图 1-39 所示的黑底上的橙色线条。

图 1-38　白底上的橙色文字

图 1-39　黑底上的橙色线条

1.3.3　纯度对比

一种颜色与另一种更鲜艳的颜色相比时，会感觉不太鲜明，但与不鲜艳的颜色相比时，则显得鲜明，这种色彩的对比便称为纯度对比。纯度对比对画面风格影响很大，高纯度的色彩对比给人一种华贵、活跃、强烈感；低纯度的色彩对比给人雅致、庄重、含蓄感。如图1-40所示，中间的色块比左边色块纯度高同时又比右边色块纯度低。如图1-41，就是运用纯度对比的网页效果。

图 1-40　色块的纯度对比

图 1-41　运用纯度对比的网页效果

1.3.4　补色对比

色环直径两端的色彩互为补色，一种色彩只有一种补色。互补色混合后将会产生中性灰。将红与绿、黄与紫、蓝与橙等具有补色关系的色彩彼此并置，使色彩感觉更为鲜明，纯度增加，称为补色对比。图 1-42 就是运用补色对比的网页效果。

图 1-42　运用补色对比的网页效果

1.3.5　冷暖对比

由于色彩感觉的冷暖差别而形成的色彩对比，称为冷暖对比（红、橙、黄使人感觉温暖；蓝、蓝绿、蓝紫使人感觉寒冷；绿与紫给人的感觉介于二者之间）。另外，色彩的冷暖对比还受明度与纯度的影响，白光反射率高而感觉冷，黑色吸收率高而感觉暖。

其实，色彩的冷暖主要来自人的心理感受，而且和色彩的纯度、明度有关。高纯度的冷色显得更冷，高纯度的暖色显得更暖。在无彩色的黑、白、灰中，白色为冷色，黑色为暖色。图 1-43 就是运用冷暖对比的网页效果。

图 1-43　运用冷暖对比的网页效果

1.3.6　面积对比

面积对比是指两个或更多色块的相对色域，是一种多与少、大与小之间的对比。色彩面积的大小对比在色彩构成中是相对重要的，能直接影响人的心理感受，小面积的大红色给人兴奋感，而大面积的大红色，很容易造成视觉疲劳，给人刺激感与烦躁感。

一般情况下，色彩的面积越大，其纯度、明度越高；反之面积越小，其纯度、明度越低。

当色彩的面积越大时，亮的色彩显得更轻，暗的色彩更重，这就是人们常说的色彩的面积效应，如图 1-44 所示。

图 1-44 色彩面积对比

1.4 色彩的调和

色彩的对比可以给人一种强烈的视觉冲击力，这是一种美，但有时候更需要表现一种协调、统一、柔和的效果，此时就会运用色彩的调和。所谓色彩的调和，是指几种色彩之间构成的较为和谐的色彩关系，即画面中色彩的秩序关系和量比关系。两种或多种以上的色彩合理搭配，就会产生统一和谐的效果，在视觉上符合审美的心理需求。“和谐”一词源于希腊，其本意在美学中为联系、匀称。“美是和谐”，首先由古希腊思想家毕达哥拉斯提出，主要表现的方向是对立因素的统一。出于各种不同的美学观点，和谐在近、现代扩展了它的含义。至于色彩和谐，也从单纯愉悦人的眼睛扩大到人的整个色彩本质和精神影响。就绘画色彩而论，当代画家冲破以往相对狭义的和谐，走向广义的反映人的全部色彩本质的色彩和谐。

虽然人们知道人的眼睛在接受光色总刺激量时，只有中性灰不产生视觉残像，因此，可以认为中性灰对人的视觉机能是和谐的，它达到了视觉完全平衡的状态，但人的色彩知觉不喜欢那种大面积的纯灰色所造成的感觉——感情呆痴。人的色彩视觉正是在无限丰富的色彩对比和连续对比中，感觉到对不同色彩本质的刺激，并在多种刺激中使视觉变得活跃、生动、鲜明和充实。由此可见，色彩和谐的核心就是对立色彩的统一。

图 1-45 同类色调和运用

调和就是统一，下面主要介绍 4 种常用的达到页面色彩调和的方法。

1.4.1 同类色的调和

相同色相、不同明度和纯度的色彩调和，使页面产生有秩序的渐进，在明度、纯度的变化上，弥补同种色相的单调感。如图1-45

所示，该页面使用了同种色的黄色系——深黄、淡黄、柠檬黄、中黄，通过明度、纯度的微妙变化产生缓和的节奏美感。

通常，同类色称为最稳妥的色彩搭配方法，给人的感觉是相当协调的。它们通常在同一个色相里，通过明度的黑白灰或者纯度的不同来稍微加以区别，产生了极其微妙的韵律美。为了不至于让整个页面呈现过于单调平淡，有些页面则加入极其小的其他颜色做点缀。

1.4.2 近似色的调和

在色环中，色相越靠近越调和。主要靠近似色之间的共同色来产生作用。

类似色相较于同类色色彩之间的可搭配度要大些，颜色丰富、富于变化，如图 1-46 所示，页面主要采用的是色环中的绿色、蓝色，通过改变明度、纯度、面积，实现变化和统一。虽然主色调的蓝色渐变在页面中使用面积最大，但是我们看到由于它的明度非常高，饱和度就降低了，因此在页面中扮演不明显的角色。而绿色的纯度最高，且使用面积次之，页面显示较显眼，因此用在次级导航位置上。整个页面主次的视觉引导分明。

图 1-46　近似色调和运用

不是每种主色调都是极其显眼的位置，通常多扮演着用于突出主体的辅助性配角。而重要角色往往在页面中用的分量极少，却又起到突出主体的作用。

1.4.3 对比色的调和

对比色是指在 24 色相环上相距 120 度到 180 度之间的两种颜色。把对比色放在一起，会给人强烈的排斥感。若混合在一起，会调出混浊的颜色，如红与绿、蓝与橙、黄与紫互为对比色。如图1-47 所示，该网站使用了大面积的红色和小面积的绿色搭配，面积的对比起到了调和色彩的作用，此外使用了白色作为分割色，也起到了调和视觉的作用。因此处理对比色时一般采用以下方法。

图 1-47　对比色调和运用

（1）提高或降低对比色的纯度和提高一方明度。
（2）在对比色之间插入分割色（金、银、黑、白、灰等）。
（3）采用双方面积大小不同的处理方法，即大面积冷色与小面积暖色。
（4）对比色之间加入相近的类似色。

1.4.4　渐变色的调和

渐变色实际是一种调和方法的运用，是颜色按层次逐渐变化的现象。色彩渐变就像两种颜色间的混色，可以有规律地在多种颜色中进行。暗色和亮色之间的渐变会产生远近感和三维的视觉效果。

如图 1-48 所示，该页面背景使用了渐变的效果，增加了视觉空间感。在导航栏、广告区域、按钮、标题块等位置，都使用了渐变的技术手法来表达，产生三维的视觉效果，统一了整个页面的设计语言，也是区别于其他网站页面的个性体现，达到让人印象深刻的目的。

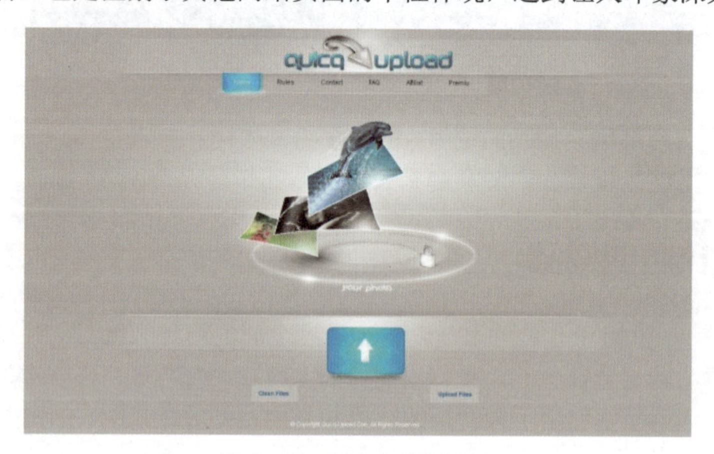

图 1-48　渐变色调和运用

渐变色能够柔和视觉，增强空间感，体现节奏和韵律美感，统一整个页面。

除了统一之外当然也可以起到变化页面视觉形式的作用。该设计语言可在需要的时候适当地使用。

1.5 色调的变化

色调是色彩的视觉基本倾向，是色彩的明度、色相、纯度三要素通过综合运用形成的，在明度、纯度、色相三要素中，某种因素起主导作用，通常就称作某种色调。蓝色色相称为蓝色调，深蓝、浅蓝、湖蓝都属于蓝色调。

色调的使用没有明显的限制，任何一个色相都可以成为主色调，主色调与其他色相组成各种各样的相互关系，如互补色、近似色、对比色等关系。按照色彩三要素和色彩的冷暖分类，大致可做如下分类。

1. 根据色相分类

根据色相分类，色调可分为红色调、绿色调、紫色调等，在前面已经叙述过，不再赘述。

2. 根据明度分类

（1）鲜色调。

在确定色相对比的角度、距离后，尤其是中差（90 度）以上的对比时，必须与无彩色的黑、白、灰及金、银等光泽色相配，在高纯度、强对比的各色相之间起到间隔、缓冲、调节的作用，以达到既鲜艳又真实、既变化又统一的积极效果，使人感觉生动、华丽、兴奋、自由、积极、健康等，如图1-49 所示。

（2）灰色调。

在确定色相对比的角度、距离后，于各色相之中调入不同程度、不等数量的灰色，使大面积的总体色彩向低纯度方向发展，为了加强这种灰色调倾向，最好与无彩色特别是灰色组配使用，感觉高雅、大方、沉着、古朴、柔弱等。如图1-50 所示的网页使用了不同层级的灰度，同时画面中使用了少量的蓝色，在灰色调的衬托下异常醒目。

图 1-49　鲜色调网页效果

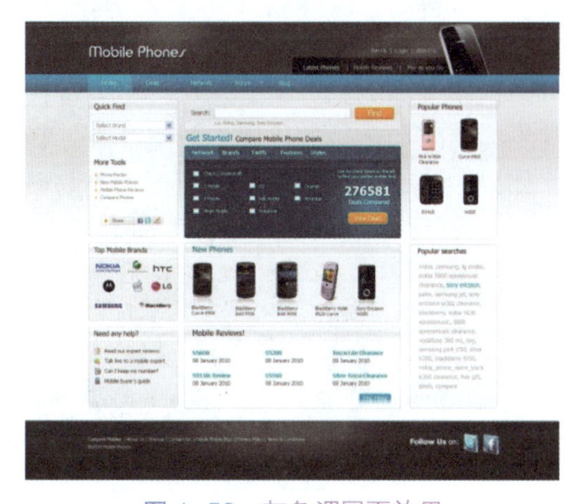

图 1-50　灰色调网页效果

（3）深色调。

在确定色相对比的角度、距离时，首先考虑多选用一些低明度色相，如蓝、紫、蓝绿、蓝紫、红紫等，然后在各色相之中调入不等数量的黑色或深灰色，同时为了加强这种深色倾向，最好与无彩色中的黑色组配使用，使人感觉老练、充实、古雅、朴实、强硬、稳重、男性化等，如图 1-51 所示。

3. 根据纯度分类

（1）浅色调。

在确定色相对比的角度、距离时，首先考虑多选用些高明度色相，如黄、橙、橙黄、黄绿等，然后在各色相之中调入不等数量的白色或浅灰色，同时为了加强这种粉色调倾向，最好与无彩色中的白色组配使用，如图 1-52 所示。

图 1-51 深色调网页效果

图 1-52 浅色调网页效果

（2）中色调。

中色调是一种使用最普遍、数量最众多的配色倾向。在确定色相对比的角度、距离后，于各色相中都加入一定数量的黑、白、灰色，使大面积的总体色彩呈现不太浅也不太深，不太鲜也不太灰的中间状态，使人感觉随和、朴实、大方、稳定等，如图 1-53 所示。

在优化或变化整体色调时，最主要的是先确立基调色的面积优势。一幅多色组合的作品，大面积、多数量使用鲜色，势必成为鲜调。大面积、多数量使用灰色，势必成为灰调，其他色调依此类推。这种优势在整体的变化中能使色调产生明显的统一感，但是，如果只有基调色而没有鲜色调就会感到单调、乏味。如果设置了小面积对比强烈的点缀色、强调色、醒目色，由于其不同色感和色质的作用，会使整个色彩气氛丰富活跃起来。但是整体与对比是矛盾的统一体，如果对比、变化过多或面积过大，易破坏整体，失去统一效果而显得杂乱。

图 1-53 中色调网页效果

4. 根据冷暖分类

根据冷暖分类，色调可分为暖色调、冷色调、中间色调。高纯度的暖色调网页给人一种轻快、温暖的感觉，纯度降低，色彩变得暗淡，给人一种稳重的温暖感，其中红色最具代表性。冷色调的网页给人一种冰冷、暗淡的感觉，其中蓝色最有代表性。蓝色调的网页在色彩的明度、纯度较高时，会给人一种轻快、凉爽的感觉，如图 1-54 所示。

图 1-54　蓝色调的网页

1.6　网页色彩心理

以文字区分感觉、感情、情感的词义也许是比较难的事，美学家和艺术理论家对此众说不一，许多人认为感觉就是情感。有学者认为情感就是“感觉到的东西”，又说：“不论是以什么样的方式所感觉到的，都无非是感觉刺激或内在紧张、痛苦、情绪和兴趣。”情感包括了动物最低级的感受性和人类认知与思想的全部领域。而有些学者却比较严格地区分了感觉与感情。格式塔心理学就较注重视觉艺术的形式感觉特征。现代生理学已在人的大脑发现感觉与感情不同的区域反应。这证明感觉和感情、情感虽然联系紧密，但是它们发生的讯息和引起的反应程度却有质的不同。

凡是知觉反应正常的人，都普遍地发生和发现过色彩的情感体验。红、橙色令人感情激动，而蓝、绿色则使人心情平静。这种普通的感情色彩反应，证明现代人的感情色彩本质的存在。色彩理论家大都认为感情色彩产生于直觉本能而非联想的结果。有人通过实验曾表明人体的肌体和血液循环在不同色光照射下发生变化的反应，其反应程度为“蓝光最弱，随着色光变为绿黄、橙和红而依次增强”。画家康定斯基曾经具体地描述各种颜色的视觉-情感反应，看起来他的描述虽然是主观的，但在基本颜色倾向和引起人的色彩反应方面合乎理性认识。

1.6.1　色彩的心理效应

色彩的直接心理效应来自色彩的物理光刺激对人的生理产生的直接影响。心理学家对此曾做过许多实验。人们发现，在红色环境中，人的脉搏会加快，血压有所升高，情绪兴奋冲动。处在蓝色环境中，脉搏会减缓，情绪也较沉静，如图 1-55、图 1-56 所示为二者的对比效果。有的科学家发现，颜色能影响脑电波，脑电波对红色的反应是警觉，对蓝色的反应是放松。自 19 世纪中叶以后，心理学已从哲学转入科学的范畴，心理学家注重实验所验证的色彩心理的效果，如色彩的冷暖感、轻重感、明快与忧郁感、兴奋与沉静感、华丽与朴素感、舒适与疲劳感、积极与消极感等。

图 1-55　冷色调空间

图 1-56　暖色调空间

1.6.2　色彩与联想

当人们看颜色的时候，常常回忆过去的经历，不由自主地把色彩与这些经历相联系。根据色彩的刺激联想到与它有关的事物称为色彩联想。人们可以通过颜色的恰当使用，把网页设计的思想传达给浏览者并使与其的信息交流活动得以实现，反之，如果使用方法不当，产生不良的联想就会带来相反的效果。因此，发挥色彩联想，切实了解色彩联想的一般倾向是不可忽视的问题。联想分为具象联想、抽象联想、共感联想 3 种情况，这些色彩联想取决于色彩性质、立体感受、创作指向 3 个方面。色彩引起的联想内容因人而异，一般受性别、年龄、兴趣、经验、性格的影响。儿童生活阅历浅，接触有限，联想之物多是身边具体的有形物体及自然景物。随着年龄增长，他们的联想范围逐步扩展，过渡至抽象的文化社会领域。另外，性别的影响也不容忽视。色彩联想受人的经验、记忆、知识影响；与人的性格、生活环境、教养、职业等也有联系；人所处的时代、民族、年龄和性别的差异，同样影响联想。了解色彩对于浏览者会产生什么样的联想，这点在网页设计中有非常重要的意义。如图 1-57～图 1-60 所示，通过不同色彩可以联想到酸、甜、苦、辣的味道。

图 1-57　酸的色彩联想

图 1-58　甜的色彩联想

图 1-59　苦的色彩联想

图 1-60　辣的色彩联想

如果仅从网页设计而言，提到某一种色彩时，通常会有以下形容词与其紧密相连。

白色：首先会联想到纯洁、纯粹、洁净、单纯、成熟、优雅、正直、神圣与和平等词语。

灰色：首先会联想到斯文、气质、优雅、成熟、谦逊、知识等正面词语或悲伤、无力、阴暗、荒凉等负面词语。

黑色：首先会联想到神圣、干练、威严、教养、力量、强势、攻击等正面词语或恐惧、不安、绝望、孤独、沉默等负面词语。

黄色：首先会联想到快乐、轻快、可爱、幸福、和平、神圣、智慧、希望等正面词语或嫉妒、偏见、欺骗、神经质等负面词语。

橙色：首先会联想到快乐、华丽、健康、活力、创造力等词语。

红色：首先会联想到热烈、热情、感动、温暖、爱情、勇气、力量生命力等正面词语或危险、冲动、兴奋、攻击等负面词语。

绿色：首先会联想到和平、舒适、环保、生命、繁荣、希望、理性与正直等正面词语或贪婪、猜忌心等负面词语。

蓝色：首先会联想到忠诚、真挚、信赖等正面词语或冰冷、冷淡等负面词语。

紫色：首先会联想到浪漫、神圣、高贵、智慧、神秘、幻想等正面词语或悲哀、忧郁、孤独等负面词语。

1.6.3 色彩与象征

随着色彩联想的社会化，色彩日益成为某种含义的象征，人们的联想内容也随之变具体事物为抽象、情绪等意境。色彩成为具有普遍意义的某种象征后，便会给人相同的印象。不过色彩的象征含义也有局限性，受不同国度的传统文化的影响。所以，同一种色彩往往包含数种迥然不同的含义与象征。

白色象征纯洁、神圣、明快、虚无、贫乏。纯白色给人带来寒冷、严峻的感觉。通常与其他色彩搭配使用，白色可以与任何颜色相搭配，被称作万能色。

灰色象征谦虚、中庸、忧郁，具有柔和、高雅的感觉，属于中间色调，男女都可接受，是一种高格调，具有品位感的颜色。使用灰色时，主要利用层次变化组合色彩或与其他色彩搭配。

灰色作为背景色非常理想，可以有效中和华丽、张扬的色彩。

黑色象征崇高、严肃、沉默、沉稳、黑暗，有高贵、稳重、科技的意象，但具有消极的意味。黑色也是万能色，可以与任何颜色搭配。

红色象征热情、活泼、幸福、吉祥、温暖，是所有色彩中最鲜艳的色彩，最容易引起注意，有着强烈的情感刺激，给人带来快速的反应。

橙色象征光明、华丽、兴奋、甜蜜、快乐、动感，极具扩展性，橙色是由红色与黄色混合而成的，是一种引起食欲的色彩。同时，橙色给人一种积极向上的感觉，极具亲和力。

黄色是明度最高的色彩，是喜庆用色，象征明朗、愉快、高贵、希望、发展、注意，具有警示作用。同时黄色还象征着智慧与光明。

绿色综合了蓝色的冷静与黄色的活跃，象征新鲜、平静、安逸、和平、柔和、青春、安全、理想等。绿色是一种明净、大自然的颜色，其传达着清爽、理想、希望、生长的意向。

蓝色象征清爽、寒冷、深远、沉静、理智与内敛。

紫色象征优雅、高贵、神秘，具有强烈的女性化特征。

1.6.4 色彩与记忆

色彩记忆是大脑对过去视觉经验中发生过的色彩的反映。色彩刺激作用停止以后，它的影响并不立刻消失，可以形成视觉后像，这种视觉后像是最直接的原始记忆，带有具体形象性的色彩可以长期保留在记忆中。人对色彩的记忆，由于年龄、性别、个性、教育等不同，差别也较大。一般情况下，暖色系要比冷色的色彩记忆性强，高纯度的色彩记忆率高，华丽的色调比朴素的色调易于唤起大脑中的记忆。色彩单纯、形态简单的比色彩多而形态复杂的容易记忆。

网页色彩的组成

如果说一个网页只是单一地运用一种颜色，难免会让人感到单调和乏味；如果将所有的颜色都运用到网页之中，又可能会让人感到浮夸和花哨。因此，设计一个完美的网页，首先要了解网页色彩的组成部分，即网页的主色调、辅助色、点睛色以及背景色。其中，主色调尤为关键，一个网页中必须有一种或两种主色调，才不至于让用户迷失方向，感觉乏味。所以确定网页的主色调是设计者首先必须关注的问题之一。

2.1　网页的主色调

在一个网页中，它可以采用多种颜色，丰富其页面效果，但是从色彩学的角度上说，一个网页中只有一个主题色，也称主色调。主色调是指在网页中运用得最主要的色彩，其中包括大面积的背景色和装饰图形、图片颜色等构成视觉中心的颜色。主色调是网页色彩设计的中心色，在搭配其他的颜色的过程中，通常以主色调为作为基础，与其互相协调和统一。如图 2-1 所示，这一网页的主色调是蓝灰色，与不同纯度和明度的蓝灰色相搭配，使整个页面相互协调，蓝灰色是此网页视觉中心的颜色。

网页的主色调主要是由网页中整体或中心图像所形成的中等面积的色块，它在网页的空间中具有重要的作用，通常形成网页中的视觉中心。网页主色调的选择一般有两种方法：要产生色彩鲜艳和活泼的页面视觉效果，可以尝试运用和背景色相对比或者不同色系的颜色；要整体协调和稳重，则应该选择与背景色或者与辅助色相近的同色色相颜色或邻近色。如图 2-2 所示，此网页的主色调选择了与背景色或者与辅助色相近的同色色相颜色或邻近色，营造了华丽而晦暗的场景，使得页面整体协调，视觉效果稳重。

图 2-1 网页主色调

图 2-2 稳重的网页主色调

图 2-3 所示的网页是日本 Ondo 网站的首页，其使用了一种非常少见的非传统配色方案，利用与背景色相对比的绿色和橙色，再结合华丽的动画和特殊的元素，为用户营造出特殊的氛围。

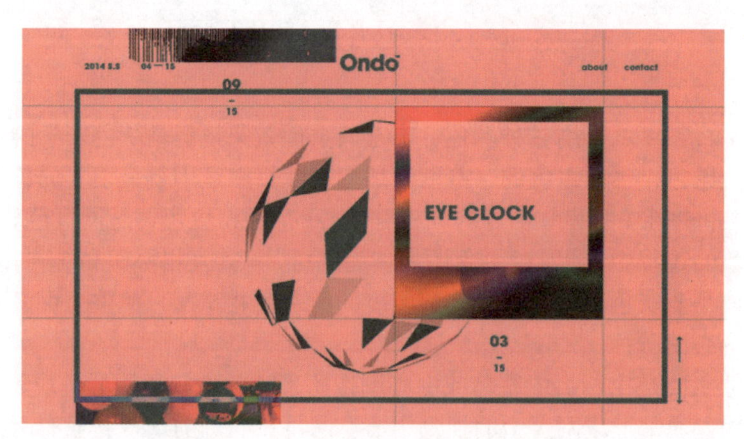

图 2-3 色彩鲜艳和活泼的主页效果

图 2-4 所示的网站页面的主色调是渐变的蓝色，整体给人一种淡雅、清新与浪漫的心理感受，让人感到柔顺剂产品的可靠性与真实性。

图 2-4 Downy 网站

2.2 网页的辅助色

主色调与辅助色共同构成网页的标准色彩。辅助色的页面占用比例仅次于主色调，起到烘托主色调、支持主色调以及融合主色调的作用。辅助色在整体的画面中应该起到平衡主色调的视觉效果和减轻用户所产生的视觉疲劳，起到一定视觉分散的作用。

网页中的辅助色一般分为 3 种形式：其一，采用一种色彩；其二，采用一种单色系；其三，采用几种色彩组合而成的色系。辅助色为主色调配以衬托，可以令网页充满活力，给人鲜活的心理效应。辅助色若是面积太大或是纯度过强，都会弱化关键的主色调，所以相对柔和的颜色和适当的面积才会达到理想的效果。如图 2-5 所示，此网页的辅助色只使用一种色彩，网页选取了与主色调相协调的深蓝色作为辅助色，使得网页更加有层次。

图 2-5 一种色彩为辅助色的网页

图 2-6 所示的是西班牙一个餐饮类网站的首页，设计者巧妙地让绿色系的美食作为辅助色，并悬浮在纯白的背景上，逼真的食物仿佛轻盈无重量一般，呈现出独特的视觉体验。

图 2-7 所示的网页的辅助色是第三种形式：由几种色彩组合而成的色系。其中黄色和橙黄色偏多，这两种颜色有刺激食欲的心理效应，很好地宣传了网页的广告效益。另外，红色和黄色所占的比例恰当，不多不少，使得这两种颜色起到很好的视觉效果，平衡了网页的主色调，吸引眼球。

图 2-6　一种单色系为辅助色的网页

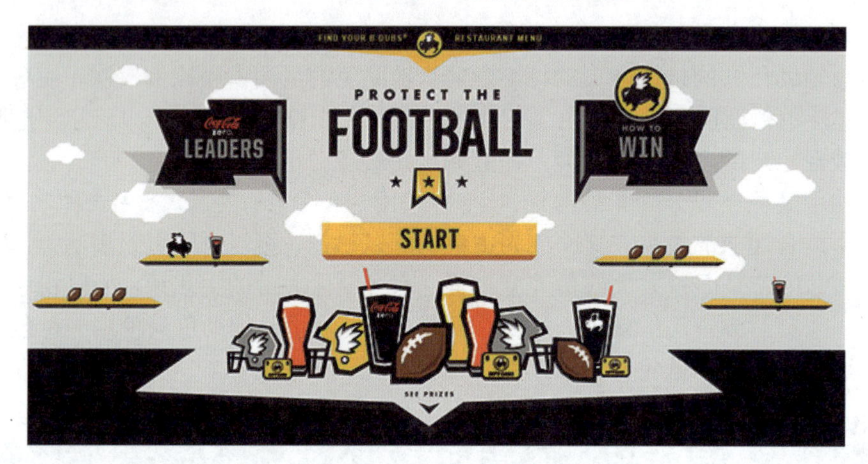

图 2-7　不同色彩组合为辅助色的网页

图 2-8 所示的网页的主色调为大面积的蓝灰色，而白色与灰色则为辅助色，整个页面从主页到链接页都显得沉稳、冷静与高雅。

图 2-8　kazustyle 网站

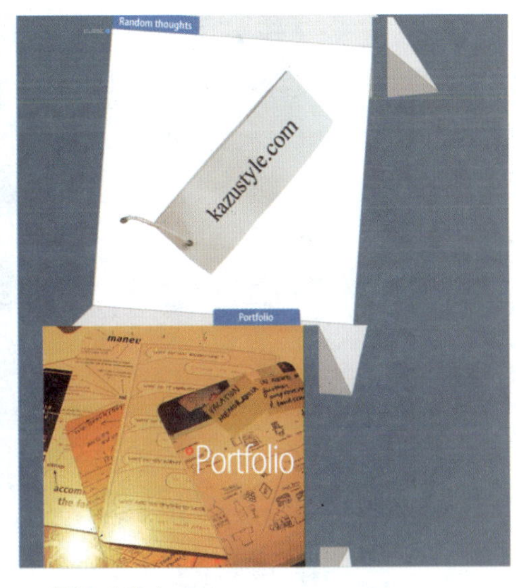

图 2-8　kazustyle 网站（续）

2.3　网页的点睛色

在网页设计中，辅助色和点睛色能够丰富页面，增强页面的层次感，使整个页面看起来生动活泼。确定主色调和辅助色后，通过在小范围内加上强烈色彩，即点睛色来突出主题效果，使得页面更加鲜明生动。为了营造出生动的页面氛围，点睛色应该选择较鲜艳的颜色，在少数情况下，为了特别营造低调柔和的整体氛围，点睛色还可以选用与背景色接近的颜色。如图 2-9 所示，此网页合理地运用了网页设计中的点睛色（红色和蓝色为点睛色），突出了网页的主题效果，使得页面更加鲜明生动。

图 2-9　网页中红蓝的点睛色应用

点睛色面积越小，颜色越鲜艳，如图2-10 所示，从主页到链接页，都使用了高纯度的黄色作为点睛色，活跃和调节画面的色彩关系。

图 2-10　NAMDO ACRYL 网站

2.4　网页的背景色

网页背景色是指网页空间中大块面积的颜色，主要是网页最底层的底色，起到协调、支配整体的作用。网页中背景设计是相当重要的，好的背景不但能影响用户对网页内容的接受程度，还能影响用户对整个网页的印象。如果你经常注意别人的网页，应该会发现在不同的网站上，甚至同一网站的不同网页上，都会有各式各样的背景设计。

目前，网页背景经常出现的形式大概有 4 种：白色背景、纯色背景、渐变色背景、图片背景。网页背景色也被称为网页的“支配色”，网页背景是决定网页整体配色印象的重要颜色。如图 2-11 所示，网页运用白色的背景色，突出主题。

图 2-11　白色背景

图 2-12 所示的网页运用了灰色来作为背景，很好地衬托了主题，与主色调搭配协调。

图 2–12 灰色背景

图 2-13 中的网页运用渐变色作为背景，在体现出网页独特风格的同时，突出主题。

图 2–13 渐变色背景

图 2-14 中的网页运用图片作为背景，视觉冲击力较强。

图 2–14 图片背景

背景色在页面设计中占据着举足轻重的地位，往往决定一个网页的整体印象。因此，在决定网页配色的时候，如果背景色轻柔、淡雅，那么网页的整体效果一般也会是素雅的效果。当使用花纹或具体图案作为网页背景时，同样可以表现出安静与沉稳的效果，如图 2-15 所示，背景采用了风景图案并做了细线条处理，表现了网站的高格调，使浏览者有一种身临其境的感觉。

图 2-15　ADDNICE 网站

第 3 章

网页色彩的搭配

色彩搭配既是一项技术性工作，同时也是一项艺术性很强的工作，而网页设计中最敏感和最重要的就是色彩的搭配，色彩影响整个网页的观感和层次感，进而影响网页的整体效果。因此，设计师在设计网页时除了考虑网站自身的特点外，还要遵循一定的艺术规律，从而设计出色彩鲜明、个性独特的网页。

3.1　网页配色准则

1. 色彩鲜明

一般而言，网页色彩达到鲜艳明亮的效果，会使得网页更加吸引眼球。有关实验表明，有色彩的记忆效果是无色彩的 3～5 倍。也就是说，有色彩的网页比完全黑白的网页更能吸引用户。如图 3-1 所示，此网页将色彩鲜艳明快的颜色穿插在网页之中，更加吸引用户的注意力，并给用户留下深刻的印象。

网页设计虽然属于平面设计的范畴，但又与其他平面设计有所不同，在遵从艺术规律的同时，还要考虑到人的生理特点，色彩搭配要合理，给人一种和谐、愉快的感觉，避免采用高纯度、刺激性强的单一色彩，否则容易造成视觉疲劳。

高明度或高纯度的色彩对视觉的刺激强烈，如图 3-2 所示，虽然使用大面积色彩的网页可能会很好看，但并不人性化，因此，尽量降低视觉刺激的配色才更人性；如图 3-3 所示，同样是大面积的红色，但降低了明度与纯度，视觉刺激弱、柔和，女性特征比较明显，给人一种温柔、纯真、诱惑与浪漫的感觉。

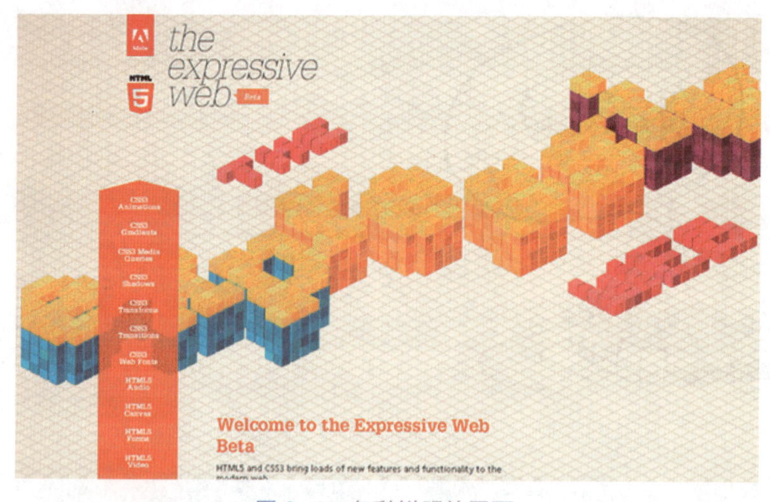

图 3-1　色彩鲜明的网页

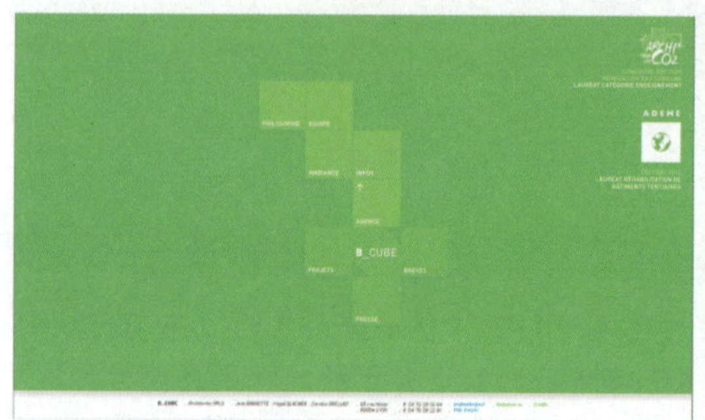

图 3-2　高明度色彩的主页

图 3-3　降低明度与纯度的红色主页

2. 独特风格

在现在网站云集的时代中，一个网站的网页色彩只有与众不同、独一无二，才能给用户留下深刻的印象。尤其在同类网站中，色彩既要符合这类网站用色的特点，又要有自己的独特性，这样才能显得个性鲜明，从大量网站中脱颖而出。如图 3-4 所示的是一个有关产品展示的网页，此网页将不同颜色、形状的产品排列在一起，形成独特的视觉效果，体现网页设计中的独特性。

网页的个性是通过色彩组合和元素构成实现的。每一个网站都有自己独特的个性和气质，缺乏个性就很难让浏览者记住这个网站，千篇一律的设计只能让浏览者感到乏味。

图 3-4 网页独特性

图 3-5 通过大面积的蓝色与白色组合，充分表现一种安静感；同时通过气泡与曲线的变化又表现出一种动感。因此整个页面动静结合，非常符合儿童的个性。

图 3-6 通过太阳光穿透乌云的一点透视，将八爪鱼置于前景，在第一时间抓住浏览者的眼球。八爪鱼爪中的工具向人们展示其无论是文案设计还是美工设计，它都无所不能；简短的几个文字又阐述了该公司的主要项目。虽然整个网页以黑白灰为主色调，却具有无限吸引力与鲜明的个性表达。

图 3-5 某儿童网站

图 3-6 某网页设计网站

3. 主题相关

网页中的色彩要与网页的主题密切相关。不同的色彩有不同的象征意义，不同的色彩使人产生的心理感受也不同，所以不同的网页在选择色彩的时候，要充分考虑到色彩的象征意义和大众的心理感受。如图 3-7 所示，此网页采用橙红色的色调作为背景，红黄色系具有刺激食欲的心理效应，很好地呼应网页的主题。

如图 3-8 所示，此网页的目的是展示 14 个极具戏剧化的、有趣的真实故事，利用蓝色为主色调，烘托网页的理性和真实性。

不同类型的网站就要使用不同的色彩和视觉元素，达到内容和形式上的统一，这样做更符合人们的认知习惯。例如，奢华类的网站就要使用看起来贵重、豪华的配色，如金色，金色总是让人联想到黄金、财富，很适合表现这类主题，网站内的元素尽量选用上流社会、贵族阶层身边的事物，如高尔夫球、红酒、高脚杯等。

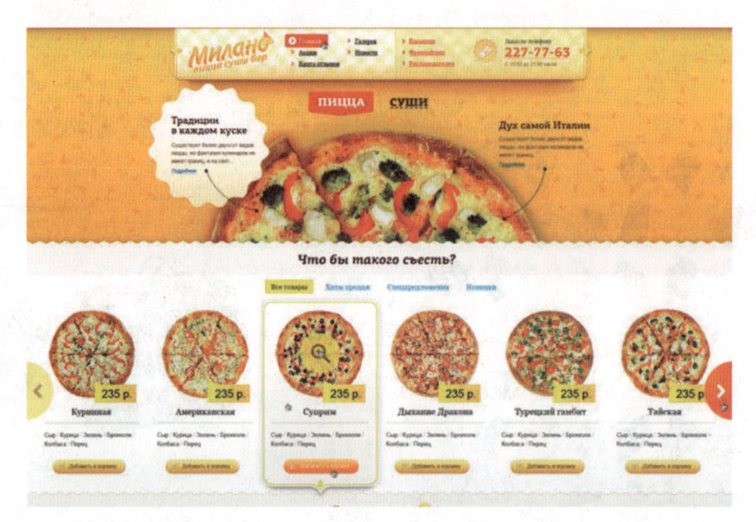

图 3-7　网页的主题相关性（1）

图 3-8　网页的主题相关性（2）

宝格丽作为华丽的意大利珠宝和奢侈品品牌，始终代表着精美的意大利风格。宝格丽身上集合了一种“现代经典”的特质，既有古典的优雅，又有极强的现代感。宝格丽网站如图 3-9 所示。

作为一个时装及化妆品牌，安娜苏产品具有极强的品牌特征，浓浓的复古气息和绚丽奢华的时尚气质同时存在，使安娜苏具有了其独特的魅力。无论服装、配件还是彩妆，以及网站设计，都能让人感觉到一种抢眼的、近乎妖艳的色彩震撼。安娜苏网站如图 3-10 所示。

图 3-9　宝格丽网站

图 3-10　安娜苏网站

4. 遵循艺术规律

网页设计也是一种艺术创造活动，所以它必须遵循艺术规律，其中值得注意的是形式美法则：对称与均衡、单纯与齐一、调和与对比、节奏与韵律以及多样与统一。另外，在考虑到网页本身的特点的同时，按照内容决定形式的基本原则，大胆进行艺术创造，设计出既达到网页的基本要求，又具有一定艺术特色的网页。如图3-11 所示，此网页运用了对称与均衡原则，采用对称的构图。

图 3–11　对称与均衡

如图3-12 所示，此网页运用了节奏与韵律原则，利用点与线的组合形成具有节奏感和韵律感的图形。

图 3–12　节奏与韵律

艺术来源于生活，又高于生活，通常情况下，生活中常见的东西没有必要在网页上再次重复，人的感觉是喜新厌旧的，人们总是喜欢看一些新奇的、从未见过的东西，因此，一个新奇的创意或是有感染力的色彩、平面构成可以让访问者更有兴趣访问你的网站，如图 3-13 所示。

图 3-14 所示的 TOYSRUS 网站是一个艺术性很强的儿童网站，很有创意，作者有着新奇的想象力、出色的构成和色彩表现能力，利用众多玩具作为背景，中间的主信息区则类似打开的玩具盒子，增添了许多情趣，紧紧抓住儿童心理，让小朋友忍不住想进去看看。次级页具有亲和力的色彩到处充满了情趣，众多的玩具让人忍不住想打开一探究竟，整个网页给人一种新奇有趣的感觉。

图 3-13　充满无限情趣的儿童网站

图 3-14　TOYSRUS 网站

3.2　网页配色技巧

网页中的色彩运用可以体现出网站的风格和所展现的主题，具有引导作用。同时，也可以表达出网站的情感和意图，向用户说明此网站的意义和存在价值。还可以体现出网站的针对人群，更加快捷、方便地为大众所用。下面主要介绍网页配色搭配的一些技巧。

1. 使用邻近色

这里所说的邻近色，就是在色环中向邻近和靠近的颜色，可以是两两相靠的颜色，也可以是相隔几个色彩的颜色，但是相隔的色彩至多不能超过 5 个，如蓝色与紫色、红色与黄色等颜色。利用邻近色来设计网页，可以使网页色彩搭配便捷一些，同时也可以避免色彩杂乱无章，使得网页层次井然，整体的页面效果更容易达到和谐统一。如图3-15 所示，此网页利用红与黄这一对邻近色相搭配，使得网页整体协调，不突兀，自然而然地使得用户的重点放在网页的文字中，不喧宾夺主，起到很好的引导作用。

图 3-16 所示的是一个关于字母游戏的网页，其中运用蓝色和绿色这一对邻近色作为网页的主色，其次利用字母的排列方式，体现网页和游戏的趣味性。

图 3-15　红与黄邻近色

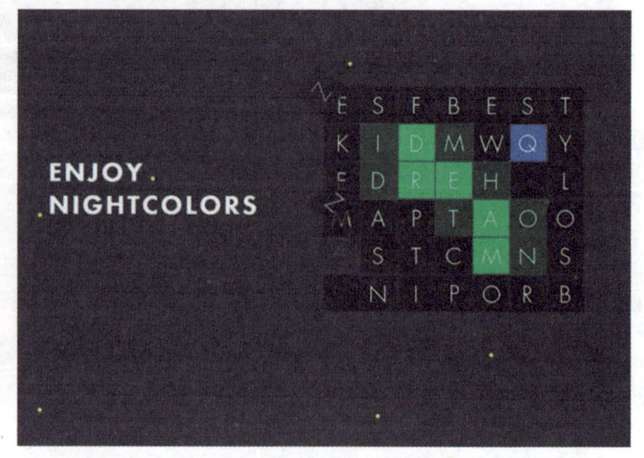

图 3-16　蓝与绿邻近色

2．使用对比色

所谓的对比色，是指色环中相差不到 180 度的两种颜色，相互之间的角度越大，也就意味着对比度越大，如蓝色与橙色、红色与绿色以及紫色与黄色等。通过合理地使用对比色，能够使网页特色鲜明，给用户一种鲜活的视觉效果，并且突出网页的重点，吸引用户的进一步浏览和更深层次地了解此网站的信息。在设计网页时，一般以一种颜色为主色调，用对比色来进行点缀和丰富网页，可以起到画龙点睛的作用。如图 3-17 和图 3-18 所示，两个网页利用蓝色与橙色和紫色与黄色进行对比，突出主题，吸引用户的注意力。

图 3–17　蓝色与橙色的对比

图 3–18　紫色与黄色的对比

3．使用黑色

黑色是经典的色彩，更是神秘的色彩，它蕴含着攻击性，但它在邪魅中还隐藏着优雅，在沉稳中还包含权威。黑色与力量密不可分，是最具有表现力的色彩之一，强烈而鲜明。所以，当黑色同锐利多变的排版结合起来，加上对比色和辅助色，页面就会拥有独特而鲜明的质感。黑色系的网页设计往往可以顺利隐藏一部分缺陷，并让一些内容和效果突出展现。如图 3-19 所示，此网页中非凡的细节设计和独特的个人风格从黑色的页面中自然而然地体现出来，整个页面在沉稳的黑色中展现出令人着迷的节奏感，黑色的视觉吸引力在这个网页中得到了清晰的呈现。

如图3-20 所示，此网页使用传统而经典的黑白系配色互相映衬，让网页的主题效果更加突出，整个网站的细节设计微妙而美观。

图 3-19　黑色系网页设计（1）

图 3-20　黑色系网页设计（2）

4．使用背景色

在一般情况下，使用素淡清雅的颜色作为背景色，避免采用花纹复杂的图片和纯度较高的色彩，背景色的颜色要与网页的主色调相协调。使用背景色的目的是辅助主色调，丰富网页设计的整体性，因此背景色不能使用纯度过高的色彩。如果为了美化网页使用一些颜色过于复杂的图片，不但使得网页华而不实，而且会混淆视听，不易突出重点。同时需要注意的是背景色要与文字的色彩对比强烈一些，这样才能突出文字，进而突出网页的主题。如图3-21 所示，此网页中利用黑板的形式作为背景，而且将字体设计成粉笔字，二者相互联系，同时背景与文字的黑白色彩形成了强烈的对比，使得网页的中心落在文字之中，主次分明。

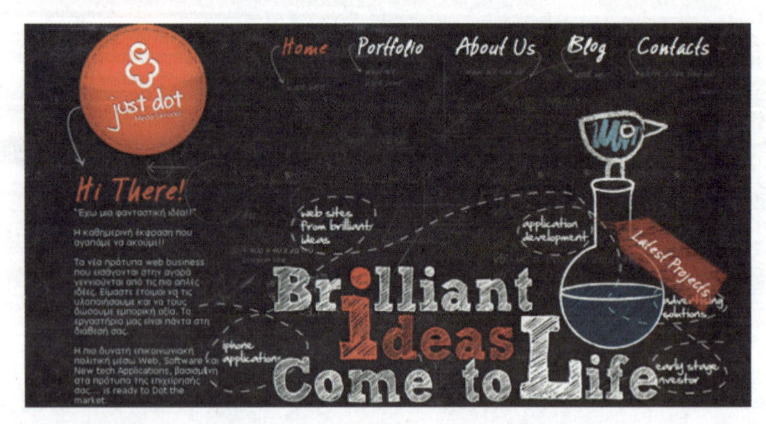

图 3-21　背景色与文字的对比

5. 色彩的数量

初学者在进行网页设计的时候，往往大多数会采用多种颜色，这样做的弊端是容易使得网页整体显得很花哨，缺乏统一性和协调性，虽然表面能吸引眼球，但是缺少内在的美感。由此可见，在网页设计中的配色方面，不一定颜色用得越多效果越好，相反还会起到反效果。事实上，色彩的数量一般控制在 3～5 种颜色最好，通过颜色属性的不断调整来产生不同的效果。但在个别的一些网页中可以使用多种色彩，如社交类、时尚类、美食类、购物类、儿童类等网页中，色彩相对丰富一些。如图3-22 所示的是英国航空公司的网站，此网页虽然只用到一种色彩，但是充满了现代气息的整体设计，以精致入微的专业图片为背景，再使用舒适的白色，让人在网站上找到云层之上的体验。

图 3-22 一种色彩的网页设计

图 3-23 所示的是艺术家远藤健治的官方网站，中性的黑白色调构成了网站的主色调，强烈的对比和留白令网站设计感十足。

图 3-23 两种色彩的网页设计

图3-24 所示的网页运用了红、白、黑 3 种颜色，虽然色彩较少，但是网页整体协调，色彩搭配合理。

如图3-25 所示，此网页是 Facebook 社交软件的网页设计，其用色丰富，吸引眼球，很好地体现了网页的主题。

图 3-24　多种色彩的网页设计（1）

图 3-25　多种色彩的网页设计（2）

网页要素的色彩设计

网页设计的要素包括背景、文字、LOGO、Banncr、导航、小标题以及连接设置等。为了整体页面的美观、舒适以及易于用户的浏览，必须合理、恰当地运用和搭配网页各个要素之间的色彩。

4.1 文字的色彩设计

在网页设计中，设计者可以为文字、文字链接、已访问链接和当前活动链接选用各种颜色。虽然使用不同颜色的文字可以使想要强调的部分更加引人注目，但应该注意的是，对于文字的颜色，只可少量运用，如果什么都想强调，等于什么都没有强调。况且，在一个页面上运用过多的颜色，会影响浏览者阅读页面内容，当然特殊的设计目的除外。

颜色的运用除了能够起到强调整体文字中特殊部分的作用之外，对于整个文案的情感表达也会产生影响。

4.1.1 文字与背景的色彩搭配

除了背景色的应用之外，还有一个影响背景色色彩的主要因素，那就是网页中的文字应用。在设计一个网页的背景色时，必然要考虑到背景色的用色与前景文字色彩的搭配问题。文字是网页的重点，也是用户关注的焦点，因此，背景色的色彩在明度和纯度上不能超过文字的色彩，背景色可以选取纯度或明度较低的颜色，这样背景色可以衬托文字，使得文字更加醒目。同时，文字在色彩选取上可以运用纯度或明度较高的颜色，使文字成为网页的中心。如图 4-1 所示，

在此网页中，背景色直接选择白色，更好地烘托文字，文字颜色选择较明亮的色彩，使得用户关注的焦点落在文字之中。

图 4-1　背景色与文字的搭配

此外，对于文字的设计也是网页设计的重中之重。在网页设计中，文字可以根据网页的不同类型、不同功能、不同人群进行创意设计，夸张文字的造型、对文字进行变形等都属于对文字的创意设计。首先，我们要理解文字的主要功能是在视觉传达中向大众传达作者的意图和各种信息，要达到这一目的，必须考虑文字的整体诉求效果，给人以清晰的视觉印象。其次，设计中的文字应避免繁杂零乱，使用户易认、易懂。最后最重要的是利用文字的设计，更有效地传达设计者和网页的意图，表达网页的主题和实用理念。风格独特的文字设计可以体现一个网页的特别的魅力，总之，只要把握住文字的色彩以及与背景色的合理搭配，风格相一致，局部中有对比，对比中又不失协调，就能够自由地表达出不用网页的个性特点。如图 4-2 所示，此网页运用了文字创意设计，对文字进行变形，很好地抓住了用户的眼球，另外文字与图片的结合很好地突出了网页的主题，是一个成功的网页设计。

图 4-2　文字创意设计（1）

如图 4-3 所示，在此网页中，背景色以灰色为主，淡化背景的视觉效果。而文字使用明亮的红色，可以放大文字，使文字在网页中占有一定的比例，再加上文字的阴影效果，更好地突出文字和网页主题，表现网页的风格特点。

图 4-3　文字创意设计（2）

在设计过程中一定要考虑实际情况的需要，而不是一味地照搬照抄。例如，如果网站的配色主题凝重、严肃，则不宜使用彩色的文字。黑色、白色或灰色的文字可能更适合画面气氛，如图 4-4 所示。白色是万能色，在深色的背景上有着特别的视觉效果，当无法确定文字的色彩时，黑、白、灰则是最好的选择；浅绿色底搭配黑色文字，或白色底搭配蓝色文字都很醒目，但前者突出背景，后者突出文字；红色底配白色文字，比较深的底色配黄色文字视觉效果颇佳；黄色背景上搭配黑色文字也是经典的配色，如图 4-5 所示的 AGATHA 网站主页，对比效果特别强烈，画面中的绿色调颜色与画面中的动画起到突出强调、吸引读者的作用。当颜色处于灰色地带时，颜色的调配是最难把握和权衡的，尤其是需要注重明度、纯度、色相的平衡。

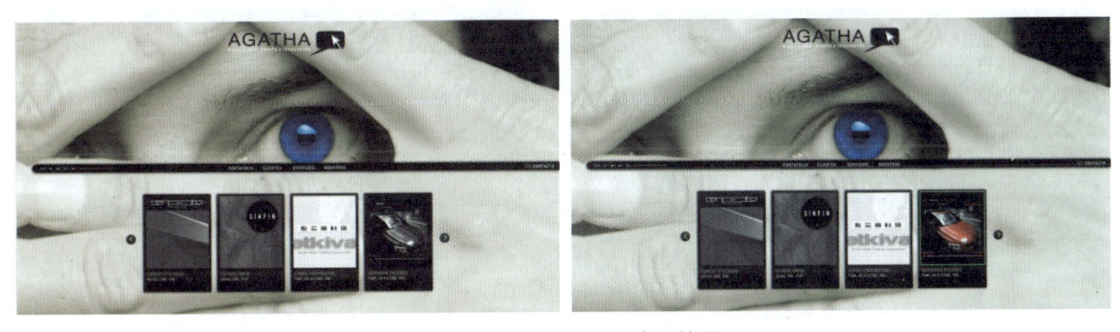

图 4-4　AGATHA 网站链接页

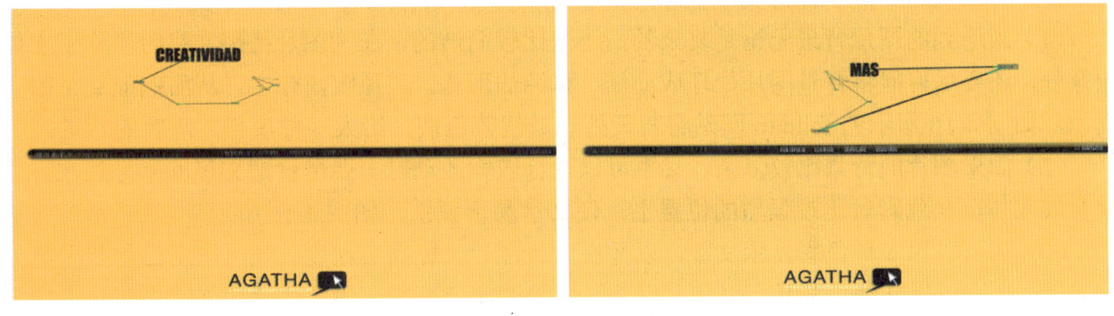

图 4-5　AGATHA 网站主页

4.1.2 文字与图片的色彩搭配

设计网页时，在图片上搭配文字是常有的事，此时就要考虑文字与图片之间的构成和色彩关系。配色时主要遵循以下3个原则。

（1）文字周围的背景尽量单纯化，如图4-6所示，背景几乎采用了单色。

（2）图片与文字对比尽量明显，易于识别，通常情况下，浅色图片配深色文字，深色背景配浅色文字，如图4-7所示，深浅对比明显。

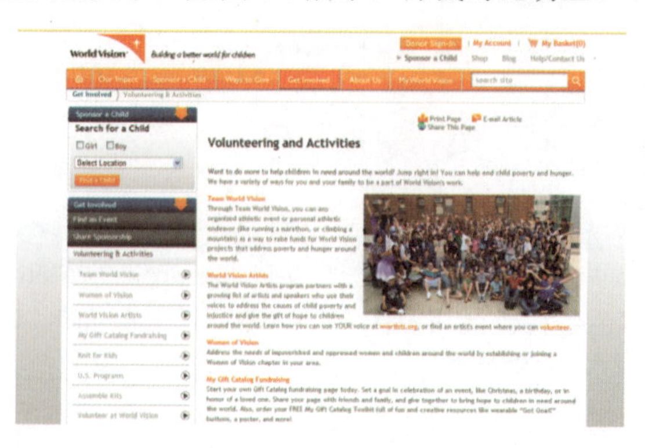

图4-6 背景简洁

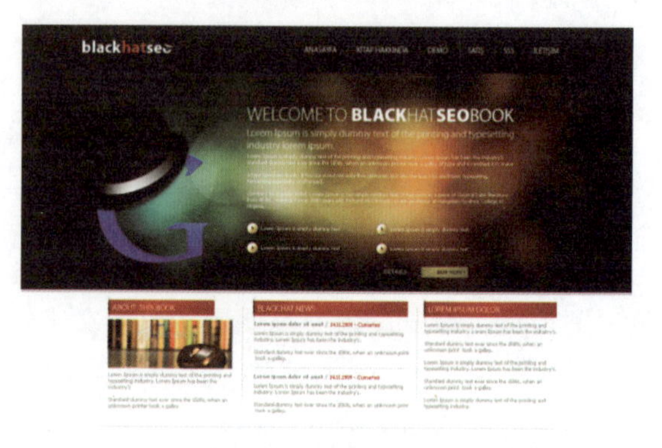

图4-7 深浅搭配

（3）文字与背景图片对比较弱不易识别时，或图像元素较为复杂时，可以采用其他色彩衬托文字的方式强化与图片的对比，如图4-8、图4-9所示。

图4-8 黑色背景衬托文字

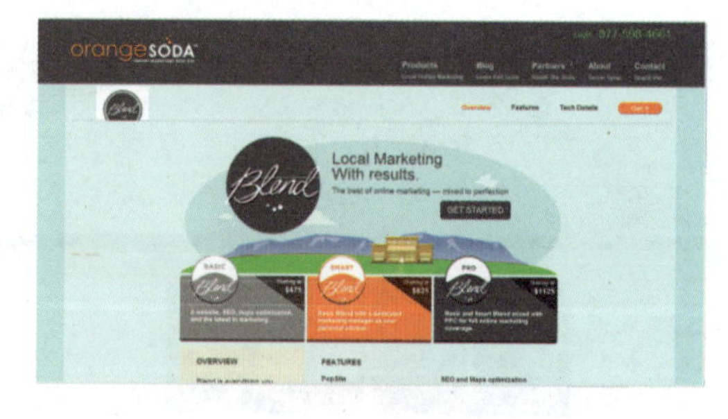

图4-9 不同色块背景衬托文字

在设计网页时，除了注意文字色彩外，有时也可以对背景图片进行如下处理。

（1）当遇到的图片背景无论是复杂的，还是比较简洁的，在为图片搭配文字时，除了主体图像外，还要尽可能将背景图片处理成简洁、单纯的形式，避免喧宾夺主，从而保证文字的表现力，如图4-10所示的folietto网站将蓝天处理成浅蓝色调，给人一种淡雅、清新的感觉。

（2）如果图片的背景比较复杂，又不可以进行较大改动时，要尽量把文字的字号加大，同时要放在与自身色彩对比较强烈的位置上，使文字易于识别，如图4-11所示。

（3）还可以用多种色彩显示文字，以适应背景图片，提高对比度。既可以用白色和黑色显示文字，也可以用其他色彩显示文字，但要与背景图区分开来，还要注意顶部通栏图片上的文字与图片的对比关系，如图4-12所示。

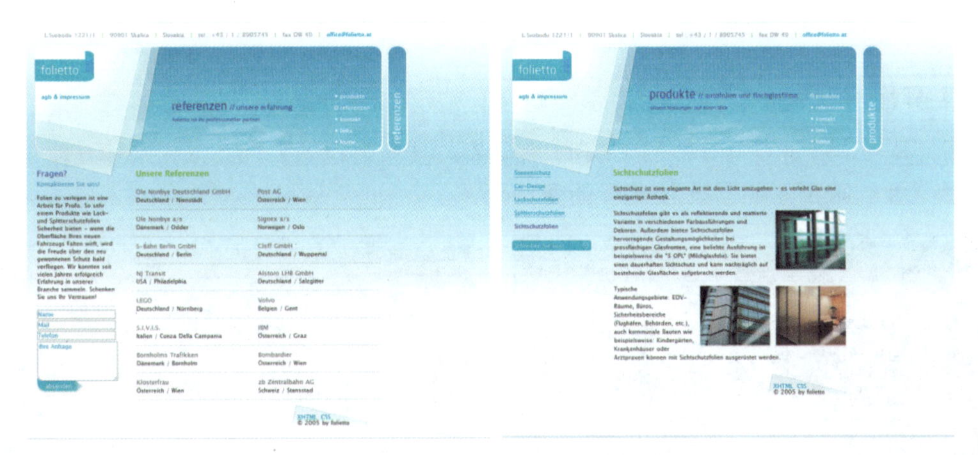

图 4-10　folietto 网站

图 4-11　BALBOA PARK 网站

图 4-12　LUNA PARK SYDNEY 网站

4.2　网页 LOGO 的色彩设计

LOGO 是徽标或者商标的外语缩写，起到对徽标拥有公司的识别和推广的作用，通过形象的徽标可以让消费者记住公司主体和品牌文化。网络中的徽标主要是各个网站用来与其他网站链接的图形标志，代表一个网站或网站的一个板块，是网页设计中不可或缺的元素之一。

4.2.1　LOGO 制作要素

LOGO 的应用一直是 CIS（企业形象识别系统）导入的基础和最直接的表现形式，其重要性是不言而喻的，通过对标识的识别、区别、引发联想、增强记忆，促进被标识体与其对象的沟通与交流，从而树立并保持对被标识体的认知、认同，达到高效、提高认知度和美誉度的效果。作为时代的前卫，网络 LOGO 的设计，更应遵循 CIS 的整体规律并有所突破。因此，网络 LOGO 的设计应具备以下要素。

1. 识别性

关于识别性，要求必须容易识别、易记忆。这就要做到无论是从色彩还是构图上一定要讲究简单。

2. 特异性

所谓特异性，就是要与其他的 LOGO 有区别，要有自己的特性，以区别于其他 LOGO，如图 4-13～图 4-18 所示的苹果 LOGO 的变化。

图 4-13　苹果 LOGO 的变化（1）

图 4-14　苹果 LOGO 的变化（2）

图 4-15　苹果 LOGO 的变化（3）

图 4-16　苹果 LOGO 的变化（4）

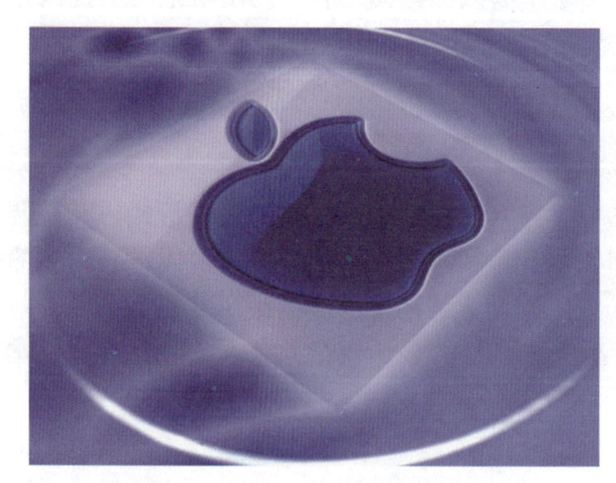

图 4-17　苹果 LOGO 的变化（5）

图 4-18　苹果 LOGO 的变化（6）

图 4-19 湧祥珠宝 LOGO

3. 内涵性

设计 LOGO 一定要有它自身的含义，否则做得再漂亮、再完美，也只是形式上的漂亮，毫无意义。这就要求 LOGO 必须有自己的象征意义。如图 4-19 所示的湧祥珠宝 LOGO 左侧是抽象的羊头，右侧是抽象的鱼尾，取吉祥如意、年年有鱼之意，正面看又是一块翡翠的挂坠形象，又像传统如意的头部纹理，充分体现了行业特征。

4. 法律意识

关于 LOGO 的法律意识一定要注意敏感的字样、形状和语言。

5. 整体形象规划（结构性）

LOGO 不同的结构会给人不同的心理意识，就像水平线给人的感觉是平缓、稳重、延续和平静，竖线给人的感觉是高、直率、轻和浮躁感，点给人的感觉是扩张或收缩，容易引起人的注意等。

4.2.2 网络 LOGO 的形式

网络 LOGO 的设计中，大量地采用合成文字的设计方式，如 YAHOO、AMAZON 等的文字 LOGO 和国内几乎所有的 ISP，这一方面是由于网页寸屏寸金的制约，要求 LOGO 的尺寸要尽可能小；另一方面最主要的是网络的特性，决定了仅靠对 LOGO 产生短暂清晰的记忆，通过低成本大量反复浏览，即可产生对 LOGO 的印象记忆。所以网络 LOGO 对于合成文字的追求已渐成网络 LOGO 的一种事实规范。当然构成网络 LOGO 的元素除了文字外，也可以是花纹图案或卡通形象，LOGO 的设计灵活性较大，每个设计师都会有自己的独特构思。通常可以分为以下几类。

1. 以字符为主的 LOGO

以字符为主的 LOGO 比较常见，其特点是简洁大方、识别性较高。如图 4-20 所示的 SONY 中国的网站，其 LOGO 的构成以字符为主，置于网页的左上角，清晰可见。

图 4-20 SONY 中国的网站

2. 字符与图形结合的 LOGO

字符与图形二者结合会产生一种强烈的现代感和视觉冲击力，容易给浏览者留下深刻的记忆。如图 4-21 所示的福特汽车中国网站，在字符基础上增加了圆形辅助图形，形成了一种求全、求满、求圆的心理特征。如图 4-22 所示的同样形式的 LOGO，则放置在居中位置，几条弧线与 LOGO 相呼应，醒目而大方。

图 4-21　福特汽车中国网站

图 4-22　MONTERE 网站

3. 以图形为主的 LOGO

以图形为主的 LOGO 大多以卡通形象作为标志，易于识别，印象深刻，使用此类标志的网站一般在内容上会与 LOGO 的卡通形象相吻合。如图 4-23 所示，这是一个运用 Flash 动画的网站，网站标志与网页内容相吻合，动画的运用使画面充满动感。

图 4-23　BAD MONKEY STUDIOS 网站

除了以上我们常见的几种形式外，当然还有其他的标志形式，但总的来说，一个好的 LOGO 应具备以下几个条件，或者具备其中的几个条件。

（1）符合国际标准。

（2）精美、独特。

（3）与网站的整体风格相融。

（4）能够体现网站的类型、内容和风格。

（5）在最小的空间尽可能地表达出整个网站、公司的创意和精神等。

如图 4-24、图 4-25 所示，不用类型的网页中，LOGO 的设计也不同，在造型和配色方面都有着较大的差别。前者 LOGO 的设计比较简单，由字符和图形组成，字符设计得比较立体、方正，在颜色上选取白、蓝两色相互搭配，让人感觉现代、稳定。而后者运用字符和几何图形，给人一种复古的情怀，再利用红色提高 LOGO 的辨识度，使人眼前一亮。

图 4-24 LOGO 的不同点（1）

图 4-25 LOGO 的不同点（2）

4.2.3 网络 LOGO 的色彩运用

LOGO 常用的颜色为三原色（红、黄、蓝），这 3 种颜色的纯度比较高，比较亮丽，更容易吸引用户的眼球。网页中的 LOGO 有多个色彩运用的技巧，其中包括：①基色要相对稳定；②强调色彩的形式感，如重色块、线条的组合等；③强调色彩的记忆感和感情规律，如黄色代表富丽、明快，橙红色给人温暖、热烈感，蓝色、紫色、绿色使人凉爽、沉静，茶色、熟褐色令人联想到浓郁的香味；④合理使用色彩的对比关系，色彩的对比能产生强烈的视觉效果，而色彩的调和则构成空间层次；⑤重视色彩的注目性。因此，在设计一个网页中 LOGO 的用色时，要考虑到以上的配色技巧，设计出具有独特魅力的 LOGO。

如图 4-26 所示的是国外一个社交性的网页，网页中的 LOGO 运用三原色红、黄、蓝 3 个色块，由这 3 个色块组成一个三角形，寓意着网页的真实性、可信性，三原色也体现了 LOGO 色彩运用技巧之一的基色要相对稳定。

图 4–26　基色稳定的 LOGO 设计

如图 4-27 所示的是国外个人工作室的网页，网页中的 LOGO 设计充分运用色彩形式感的技巧，运用黑色的色块和线条来构成整个 LOGO，具有创意。

图 4–27　色彩形式感的 LOGO 设计

如图 4-28 所示，此网页是谷歌公司根据 2016 年里约奥运会所设计的网页 LOGO，将举重这一奥运项目设计成二维动画的形式，并选择红色系色彩进行填充，体现了积极向上的情感，很好地展现了奥运精神。动画图形与谷歌的 LOGO 相结合，LOGO 采用明亮、欢快的色彩，并运用红与绿的颜色对比，产生强烈的视觉效果，吸引用户的注意力。该实例很好地体现了强调色彩的记忆感和感情规律。

如图 4-29 所示的 LOGO 中，运用黄与紫和红与绿这两对互补色，合理使用了色彩的对比关系，产生强烈的视觉效果。

如图 4-30 所示的 LOGO 中，运用色彩鲜艳的橘红色作为 LOGO 的背景，加强了 LOGO 的视觉效果，体现了 LOGO 的色彩注目性。

图 4–28　2016 年里约奥运会的谷歌网页 LOGO

图 4–29　对比色彩的 LOGO 设计

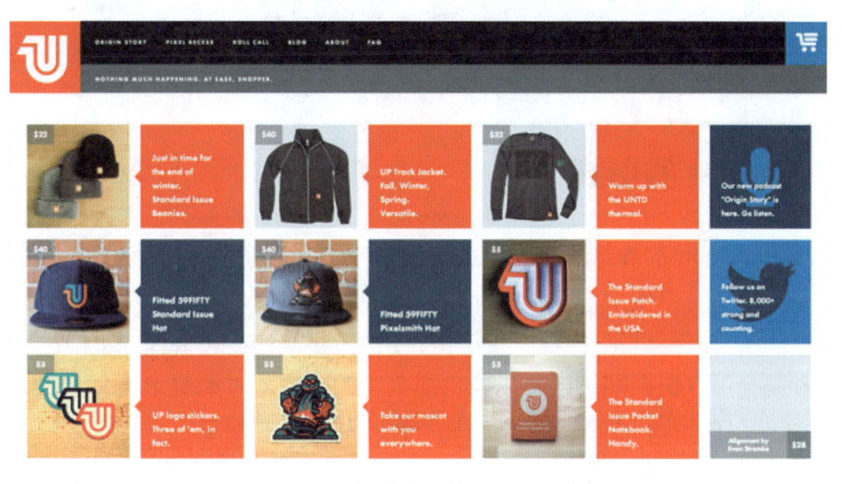

图 4–30　色彩注目的 LOGO 设计

4.3 Banner 的色彩设计

4.3.1 Banner 的作用

Banner，中文意思为旗帜或网幅，是一种可以由文本、图像和动画相结合而成的网页栏目。Banner 的主要作用是显示网站的各种广告，包括网站自身产品的广告和与其他企业合作放置的广告，同时又可美化网站。如图 4-31 所示的 Aekyung 网站，整个 Banner 的设计占据网页 2/3 位置，完全用于展示广告语与产品，而图 4-32 所示的 Ahmaibao 网站，除了主页外，其他子页的 Banner 则都用于美化网页。

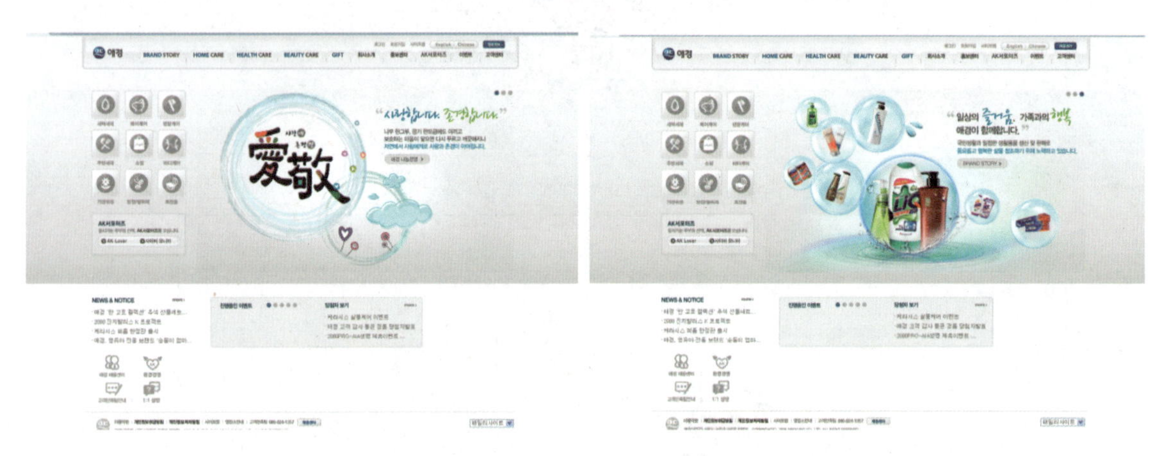

图 4-31　Aekyung 网站

图 4-32　Ahmaibao 网站

4.3.2 Banner 的形式

通常情况下，Banner 的外形都是规则的矩形，特别是在众多商业网站中，通常都会遵循标准定义 Banner 的尺寸，方便用户设计统一的 Banner，应用在所有网站上，如图 4-33 所示的 Residenza 网站。然而，在一些不依靠广告位出租赢利的网站中，Banner 的大小、形状则比较自由。网页设计者完全可以根据网站内容以及页面美观的需要随时调整 Banner 的大小，如图 4-34 所示的 Alesya 网站，Banner 的曲线形状自由流畅，充满无限遐想。

Banner，是指页面当中的横幅广告，一个表现商家广告内容的图片，放置在广告商的网页界面上，是互联网广告中最基本的广告形式，其尺寸是 72 像素×90 像素，或 320 像素×50 像素等，如图 4-35 所示。一般使用 GIF 格式的图像文件，可以使用静态图形，也可用多帧图像拼接为动画图像。其目的主要是体现网页的中心意旨，形象鲜明地表达网页最主要的情感思想和宣传中心。如图 4-36 所示，此网页中 Banner 主题明确，色彩舒适，很好地宣传了网页的意图。

图 4-33　Residenza 网站

图 4-34　Alesya 网站

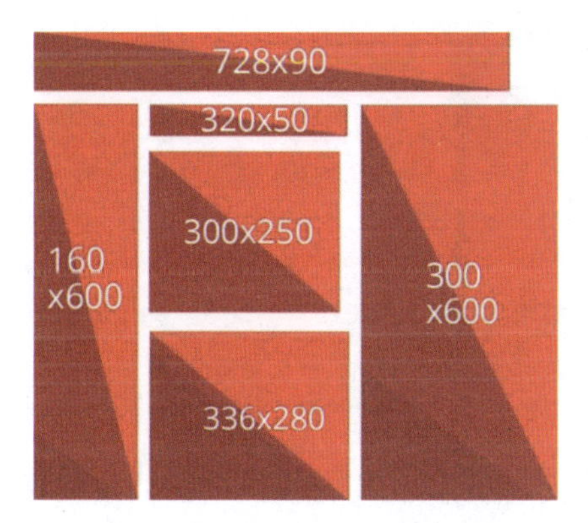

图 4-35　Banner 尺寸示意图

图 4-36　网页中的 Banner

4.3.3　Banner 的设计方法

网页中的 Banner 有多种设计方法，其中包括正三角形、倒三角形、对角线和扩散式等构图形式。

1. 正三角形构图形式

正三角形构图形式可以使 Banner 展示立体感强烈，重点突出，构图稳定自然，空间感强，此类构图方式给人安全感和可靠感。如图 4-37 所示的网页中，Banner 与 LOGO 的位置排列正好组成一个正三角形，表现网页的可信度和真实性，给用户一种稳定自然的视觉效果。

图 4-37　Banner 的正三角形构图运用

2. 倒三角形构图形式

倒三角形构图形式在突出强烈空间立体感的同时，构图活泼且具有动感，通过不稳定的构图方式，激发创意感，给人运动的感觉。如图 4-38 所示的网页中，Banner 中的字符和图片利用倒三角形构图形式，使得网页充满律动感。

图 4-38　Banner 的倒三角形构图运用

3. 对角线构图形式

对角线构图形式能够改变常规的排版方式，适合组合展示，比重相对平衡，构图活泼且稳定，且有较强的视觉冲击力，特别适合运动型展示。如图 4-39 所示的网页中，Banner 的设计体现了对角线构图的运用，使得网页具有创新性。

图 4-39　Banner 的对角线构图运用

4. 扩散式构图形式

扩散式构图形式通过运用射线、光晕等辅助图形对图片主体进行突出，构图活泼有重点，次序感强，利用透视的方式围绕口号进行表达，给人以深刻的视觉印象。如图 4-40 所示的网页中，Banner 中运用灯光的扩散效果使得网页层次分明，吸引用户的眼球。

图 4-40 Banner 的扩散式构图运用

4.3.4 Banner 的色彩设计

重点要注意的是，Banner 的色彩不要过于醒目。有些网页广告的设计要求使用比较夸张的色彩来吸引用户的眼球，希望由此提升 Banner 的关注度。而实际上，颜色鲜艳的色彩虽然能够吸引眼球，但往往会让用户感觉刺眼、不友好甚至产生反感。所以，过度耀眼的色彩是不可取的，Banner 的颜色不宜过度夸张，应使用色彩柔和的颜色，努力营造出网页的愉悦感、舒服感。另外，Banner 的色彩可以重复使用，提高其辨识度。因此在品牌传达的过程中，色彩的重复性很重要，就像我们看到红、黄、白配色会想到麦当劳，看到绿和黑配色就想到星巴克一样。如图 4-41 所示的是麦当劳的官方网页，其 Banner 运用大量的红色和黄色，提高了网页辨识度；又利用色彩的心理感受（红色与黄色可以刺激食欲），促进消费者的购买欲，增加企业利润。

图 4-41 麦当劳网页的 Banner 设计

如图 4-42 所示的星巴克的官方网页，其中主页的 Banner 运用星巴克传统的黑色作为背景，利用光晕来引导用户的视觉中心，并且运用与绿色相对立的红色，吸引用户的视线，背景中的文字采用白色，在黑色背景的衬托之下，使得用户的最终视点停留在文字之上，更好地了解网页中的信息。另外，在链接页中的 Banner 也是黑色与白色的搭配，采用产品的图片同时，配以白色文字说明，很好地展现了星巴克产品的独特魅力。

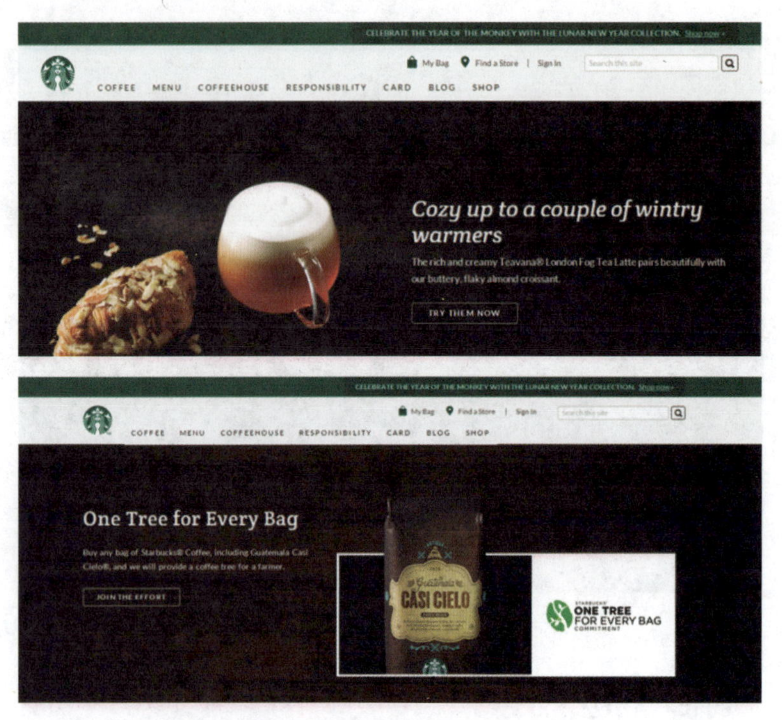

图 4-42　星巴克网页的 Banner 设计

如图 4-43 所示，此网页上方和中间部分的 Banner 采用图片的形式，图片的色彩柔和，与背景色相协调统一，在突出网页的主题的同时，很好地宣传了网页的概念。

图 4-43　色彩柔和的 Banner 设计

总之，LOGO 与 Banner 是网页设计中必不可少的元素，LOGO 与 Banner 的主要功能是更加主观有效地宣传网页和品牌，两者在色彩的运用方面有共同之处，也有不同之处，但都要注意的是，不论是 LOGO 还是 Banner，都是为了整体网页而服务的，两者的色彩均要与网页整体的色彩相协调。

4.4 导航栏菜单设计

导航栏是索引网站内容、帮助用户快速访问所需内容的辅助工具。根据网站内容，一个网页可以设置多个导航栏，还可以设置多级的导航栏以显示更多的导航内容。

导航栏内容包含的是实现网站功能的按钮或链接，其项目的数量不宜过多。设计合理的导航栏可以有效地提高用户访问网站的效率。

网页的导航栏菜单有着引导用户浏览的作用，如何通过配色将导航栏菜单的这一功能予以发挥，是在对导航栏菜单进行配色时着重考虑的问题。同时，因为导航栏菜单形式的不同，需要选择的颜色也会有所不同。一般情况下，导航栏菜单的配色要在与网页整体配色相协调的基础上，运用一些稍微具有跳跃性的色彩或者明度和纯度较高的色彩，吸引用户的视线，使得用户感觉网页整体结构清晰、明了，层次分明，更好地了解网页所传递的信息。

1．响应式导航栏菜单色彩运用解析

响应式设计是当前网页设计的流行趋势，针对不同的设备，提供不同的布局解决方案。响应式设计的难点是导航栏菜单在设计之前，要谋划好导航栏菜单在手机、平板、桌面上的布局。如图 4-44 所示，网页的导航栏菜单利用明快、鲜亮的色彩，加强了自身的视觉效果，一下子抓住用户的眼球，让人忍不住浏览此网页的信息。再加上导航栏菜单的响应式设计，使得用户更快捷、更方便地掌握网页的信息。

如图 4-45 所示的网页中，巧妙地将导航栏放在网页的中间位置，利用不同色彩的小色块进行组合排列，再利用白色的文字加以区分，更为巧妙的是当鼠标指针滑过文字下面的小色块时，会出现比之前更加鲜明的色彩，在很好地体现了响应式设计的同时，又展现出网页与用户的交互性。

图 4-44　导航栏的响应式设计（1）

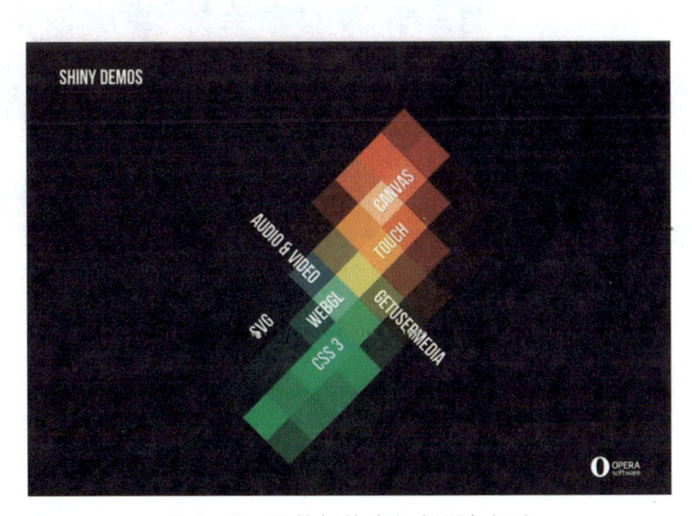

图 4-45　导航栏的响应式设计（2）

2. 全屏式导航栏菜单色彩运用解析

当导航栏是整个网页设计的核心时，页面会是怎么样的？只要合理地策划整合，全屏导航栏其实是一种非常有效的技术，用户可以更加便捷地切换到不同的页面，内容成为更加触手可及的东西。

全屏导航式页面可以做得非常明显，也可以以更加微妙的方式呈现出来。用户是否必须清楚地意识到它是导航呢？并不一定，如果你设计得够合理，用户会在无意识间充分运用它的导航功能。如图 4-46 所示的网页中有若干个导航栏，便于用户更彻底地探索这个网站，同时也强化了品牌识别。基于图片的网格式全屏导航中，充满了色彩柔和、有趣的照片，使得网页整体干净、整洁，漂亮的图表和白色的文字突出导航栏，加强了网页与用户之间的联系，这些元素的结合扮演着至关重要的角色。

图 4-46　全屏导航栏设计（1）

如图 4-47 所示的 Drygital 网页中的导航栏流露出欢乐积极的情感。华丽鲜艳的渐变背景，非常有利于展现亮白色的导航栏，菜单覆盖了整个主页，半透明的紫红色背景为网页添加了一丝神秘感。

图 4-47　全屏导航栏设计（2）

3. 垂直式导航栏菜单色彩运用解析

打破常规设计的手法有很多，其中之一就是将导航栏菜单设计成纵向的。垂直的导航设计并不是简单地将横向变为纵向，而是需要结合内容重新思考整个网站的布局和空间的使用。

这类排版方式最流行的有两种：一种是使用汉堡菜单的隐藏式的导航菜单；另外一种是使用固定的侧边栏来承载菜单，它在色彩运用上一般使用与网页色调相柔和、协调的颜色，既能起到很好的交互作用，又不喧宾夺主。第二种菜单的有趣之处在于，它为网站设计提供了一种新的视觉设计可能性。同时，这种导航栏在小屏幕上可以做成悬停隐藏式的，需要的时候单击显示，它在色彩的运用上没有太多的限制，使用鲜明或柔和的色彩均可，但在设计时要注意导航栏的色彩设计必须与网页整体色彩相协调。如图 4-48 所示的网页中，导航栏采用的是汉堡菜单的隐藏式导航菜单，其采用与网页色彩相协调的黄灰色，在保证与用户进行良好交互的同时，又彰显了网页的独特魅力。

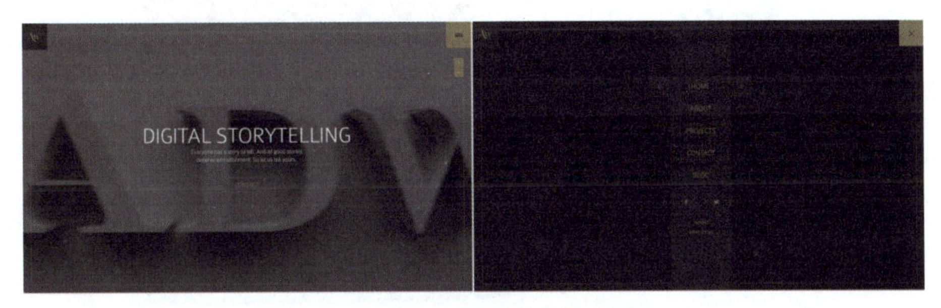

图 4–48　垂直导航栏设计（1）

如图 4-49 所示的网页中，导航栏采用的是固定的侧边栏来承载菜单，其运用了色彩比较明亮的红色来突出导航栏菜单的重要性，吸引用户的视线。

图 4–49　垂直导航栏设计（2）

4.5　小标题设计

小标题是对一个网页的局部概括，一般来说，网页界面上的一些小标题就是对网页的概括和总结。因此小标题在网页设计中起到画龙点睛的作用，获取瞬间的打动用户的效果。小标题设计经常运用文学的手法，以生动精彩的短句和一些形象夸张的手法来吸引用户的兴趣。小标题不仅要争取用户的注意力，还要争取到用户的心理。

4.5.1　小标题的字体设计原则

小标题的字体设计原则有以下 3 项。

（1）使用细字体时，要注意保持字体与背景的对照关系，以保证可读性和清晰性。

（2）使用细字体时，要合理调整字体大小，太小的字体不引人注目，大一点的字体更容易阅读。

（3）还要考虑到不同字体之间的互相作用，以求达成较好的视觉效果，保持一致性。如图 4-50 所示的网页中，对小标题的 3 条运用原则利用得十分充分。

图 4-50　小标题运用原则的体现

4.5.2　小标题的色彩设计

对于网页的小标题，重点分析的是它的色彩应用。小标题的颜色运用对于整个网页的表达会产生很大的影响，使用不同颜色的小标题可以使想要强调的部分更加引人注目，色彩可以使得小标题不受位置的局限，可以加强或者减弱网页的表现强度，使网页页面的浏览产生视觉导向。

1．背景与小标题的色彩关系

如图 4-51 所示，在此网页中，以棕色调为主的水彩图片作为背景，体现出色调可爱丰富的儿童风格。在小标题的用色方面也紧靠儿童风格，利用色彩比较明快、鲜艳的颜色，在展现网页风格的基础上，同时又抓住用户的眼球，一举两得。

图 4-51　儿童风格网页的小标题设计

依据表现对象风格的不同，对小标题的运用也不同，如图 4-52 所示的是一个有关介绍经典汽车信息的网页，以白色作为网页背景，小标题采用与主标题相同的蓝色，很好地传达了网页的信息。

图 4–52　汽车网页的小标题设计

如图 4-53 所示的是麦当劳汉堡的网页，在色彩丰富的背景下采用白色作为小标题的颜色，更好地突出了小标题的作用。

图 4–53　美食网页中的小标题设计

2. 大标题与小标题的色彩关系

一般来说，网页中小标题的色彩是比较柔和的，要与网页整体色彩和背景色彩或背景图片相协调，同时也要注意与网页大标题色彩的搭配，因为大标题是网页的视觉中心，也是向用户传达网页中心信息的必要要素，所以在小标题的配色过程中，要考虑到大标题的因素，色彩上不能喧宾夺主，要使用明度或纯度较低的颜色，也可以使用与大标题相同的颜色，当使用与大标题相同的颜色时，需要注意大标题与小标题的大小比例和位置关系。在大部分类型的网页中，小标题的主要用色大致可以分为黑、白、灰以及明度较低的色彩，这样在与不同的网页进行搭配时，都能够很好地与网页整体相协调，既能充分发挥小标题的作用，使得用户快捷方便地了解网页信息，又能衬托主标题，增强用户的兴趣。

如图 4-54 所示的背景是细腻精致的图片，运用手绘风格的白色小标题，与主标题的用色相同，但是设计者通过改变两者的位置关系和大小比例很好地衬托了大标题，层次更加分明，清晰地传达了网页的信息，使用户更快地进入网页之中。

图 4-55 所示的网页中使用深色的自然背景，烘托了严肃的氛围，与图 4-54 的网页相同，都使用了白色作为小标题的颜色，从而可以看出不管是色彩明亮的背景还是色彩深沉的背景，利用白色的小标题都可以发挥它的作用和价值。

图 4-54　白色小标题的运用（1）

图 4-55　白色小标题的运用（2）

黑色小标题的运用也十分广泛，如图 4-56 所示，此网页中的背景色为白色，纯色背景中的一抹蓝色（大标题）非常突出，同时又不失可爱，小标题使用的是黑色，与大标题的色彩有所区分。网页整体简洁、粗犷，展现出一种独特的魅力。

图 4-56　黑色小标题的运用

此外，还有一些网页的小标题运用明度较低的色彩，如图 4-57 所示，此网页是电影《王牌特工：特工学院》的官方网站，利用引人入胜的场景作为背景，加入声音和音乐的背景则让网页显得更加真实。网页中的大小标题均使用与背景相协调的、明度较低的黄色，使得标题融合背景，不突兀。

图 4-57 柔和色彩小标题的运用

除了以上这几种情况外，还有一些类型的网页在小标题的配色方面使用一些较为鲜艳的色彩，如儿童类网页、游戏类和购物类网页等。如图 4-58 所示，此网页是某一游戏的页面，不难看出在深色背景下，小标题运用了颜色较为明快的色彩，表达信息的同时吸引用户的注意力，起到很好的宣传作用。

图 4-58 游戏类网页的小标题应用

另外还有如图 4-59 所示的购物类网页，此网页是 GUCCI 的官方网页，其中的小标题使用了黄色，更好地起到宣传网页的作用。

图 4-59 购物类网页的小标题应用

第 5 章

网页色彩应用分析

一个好的网页设计会给用户带来记忆深刻、好用易用的体验。网页设计的版式、信息层级、图片、色彩等，直接影响到用户对网站的最初感觉，而在这些内容中，色彩的配色方案是至关重要的，网站整体的定位、风格都需要通过颜色给用户带来感官上的刺激，从而产生共鸣。我们可以从当前众多网络应用的实例中，找到色彩运用的一些广泛的色彩关系和配色方案，通过这些色彩的关系，可以作为实际工作学习中配色的指南。

5.1 暖色

暖色，是指色环中红色、橙色一边的色相，能带给人温馨、和谐、温暖的感觉，这是出于人们的心理和感情联想。

1. 红色

在暖色系中，红色是最具备力量的，它能强烈表达感情，也是抓住人的注意力的高手。红色是视觉效果最强烈的色彩，鲜艳的红色容易带给人热情、主动、活泼、温暖的感觉。如图 5-1 所示的网页是 Trol Intermedia 企业的官方网页的一部分，该企业运用红色作为网页的背景，给人一种积极向上、乐观的心理感受，同时也很好地传达了企业的工作精神。另外，红色与白色是经典的配色，使整个网页更加稳定，是一个成功的网页案例。

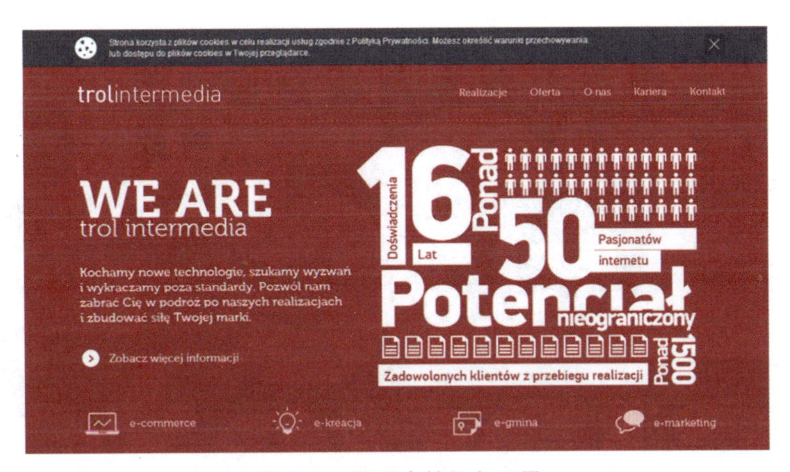

图 5-1　网页中的红色运用

2. 黄色

黄色和橙色、红色一样，也是暖色。它有大自然、阳光、春天的含义，而且通常被认为是一个快乐和有希望的色彩。黄色是所有色相中最能发光的颜色，给人轻快、透明、辉煌、充满希望的色彩印象。黄色是一个高可见的色彩，因此它可以被用于有关健康和安全设备的网页之中。这个高可见是明显引人注目的，但是在屏幕中可能过于吸引眼球（但是位于白色背景中的黄色看起来非常吃力）。如图 5-2 所示，此网页是为设计者在遇到问题时提供帮助的网站，利用黄色作为背景，给人一种明快、向上的心理感受，让人认为这是一个很有帮助的网站，再配上卡通的造型，更加吸引用户的眼球。

图 5-2　网页中的黄色运用

在有关食品类的网页设计中暖色系色彩是首选，这些网站的设计主体突出，大部分以暖色调为主，因为暖色的另一个心理感受是刺激人们的食欲，所以很多有关食品的网页都适当运用红色来刺激用户，带来利益。如图 5-3 所示，这两个网页都运用暖色作为主色调，利用暖色的心理感受给企业带来利益。

在运动类的网站中也有不少网页利用暖色来展现企业的运动精神，如图 5-4 所示的阿迪官方网站，利用暖色彰显阿迪的梯云和运动精神，体现积极、青春、活力四射的精神和诚实可信、诚挚坦率的企业文化。

图 5-3 暖色在食品类网页中的运用

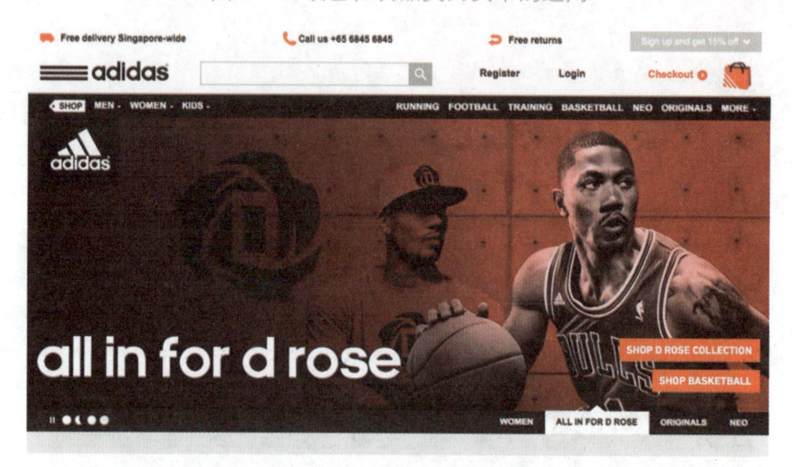

图 5-4 暖色在运动网页中的运用

5.2 冷色

色环中蓝、绿一边的色相称为冷色，它使人们联想到海洋、蓝天、冰雪、月夜等，给人一种阴凉、宁静、深远、死亡、典雅、高贵、冷静、暗淡、灰暗、孤僻、面积较大、寒冷、忧郁、悲伤、宽广、开阔的感觉。

1. 蓝色

在冷色中，蓝色是最冷的色彩。蓝色非常纯净，通常让人联想到海洋、天空、水、宇宙。纯净的蓝色表现出一种美丽、冷静、理智、安详与广阔之感。由于蓝色沉稳的特性，具有理智、准确的意象，在网页设计中，强调科技、效率的商品或企业形象，大多选用蓝色为标准色、企业色。如图 5-5 所示，网页运用蓝色营造出高贵、伟大、理性的氛围，表现出伟人们的魅力，表现网页所要传达的精神。

在一些企业和技术相关网页中，冷色常常被利用其中。如图 5-6 所示，此网页展示了如何使用现代的解决方案来呈现即将到来的产品，网站采用了经典的横向布局，利用冷色调的视觉感受展现新产品的功能。

图 5-5 网页中的蓝色运用

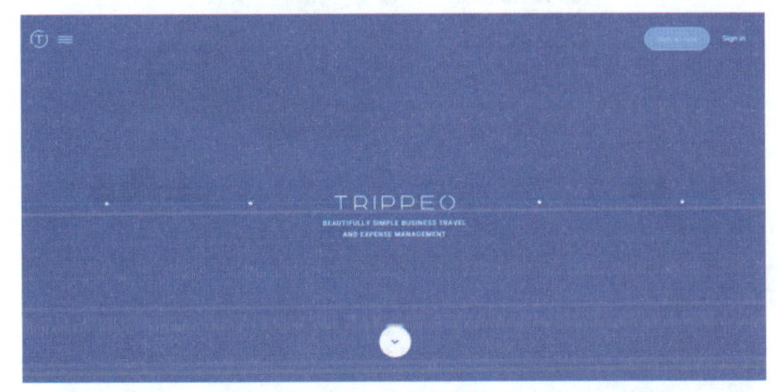

图 5-6 冷色在网页中的运用

2. 绿色

另外，冷色的另一大类是绿色，它是自然界中常见的颜色，代表意义为清新、希望、安全、平静、生命、和平、宁静、自然、成长、生机。绿色是一种合成色，有多种用途，能够清晰地传达设计师的意图。绿色令人放松，一想到绿色，大多数人会想到户外和植物，因此绿色具有平静心态的功效。绿色也能够使可读性最大化，降低用户视觉疲劳发生的概率，这在网页设计中非常关键，绿色还能激发用户的视觉兴趣。如图 5-7 所示的是星巴克的官方网页，其利用绿色的清新、自然来体现咖啡材料的天然性，同时利用绿色来给用户营造一种平静、舒适的心理感受，以此来吸引用户。

图 5-7 网页中绿色的运用

5.3 单色

色彩对情感有着巨大的冲击，色彩的搭配无穷无尽，可以采用多彩风格，也可以极简配色。单色是使用一种颜色的不同饱和度和明度，单色网页是网页色彩设计中比较经典的一种模式，其用色不是很多，或是同一种颜色的不同明暗渐变，或是贯穿全站的单一色彩，但是色彩的功能性凸显无疑。下面是一些单色网页设计。

图 5-8 所示的网页中，运用黑白两色的经典搭配和手绘风格图形相结合，体现出极简主义风格，彰显了独特魅力。

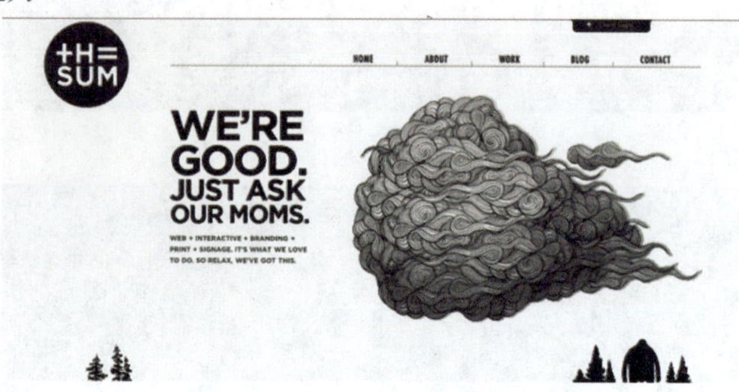

图 5-8 单色网页设计（1）

图 5-9 所示的网页中也是黑白的配色，再加上一抹精致的淡绿色，给人一种优雅、忠实的感觉。

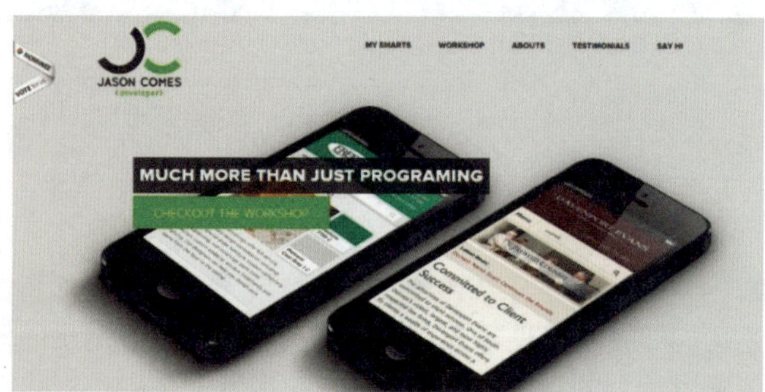

图 5-9 单色网页设计（2）

图 5-10 所示的网页中，鲜亮、活力十足的红色效果非常显著，很好地支持了网页中的瑞士产品。

图 5-10 单色网页设计（3）

图 5-11 所示的网页中，利用灰度图像作为网页背景，干净利落，柠檬绿的点缀给网页加入了活力和个性，体现了企业的文化和理念。

图 5-11　单色网页设计(4)

5.4　近似色

近似色是色环中相邻的色彩。在网页中使用近似色可以协调网页，使网页成为一个整体，突出中心，避免网页色彩杂乱，避免用户的视觉疲劳。如图 5-12 所示，此网页所宣传的对象是一间旅店，其运用蓝色、绿色和黄色这 3 种近似色来体现旅店的自由、自然。

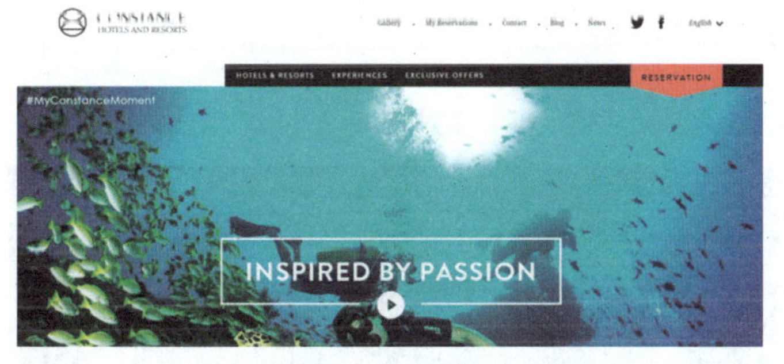

图 5-12　近似色网页设计（1）

如图 5-13 所示，Quirky 是一个创意产品社区与电子商务网站，它利用众多方式，让社区参与产品开发的整个过程，其运用红色和黄色这两种近似色来表达企业的文化，表现积极、活跃的态度。

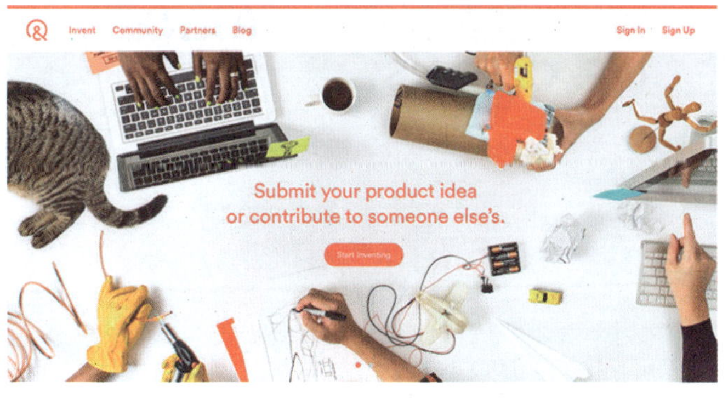

图 5-13　近似色网页设计（2）

5.5 互补色

互补色是指色环中相反的色彩，如红色与绿色互补，蓝色与橙色互补，紫色与黄色互补。使用互补色可以使网页加强对比，更好地突出网页的中心，引导用户的视线聚焦在主题中。但是要注意的是，网页中互补色的明度和纯度不能太高，相反明度和纯度较低的色彩能够更加有效地宣传网页。如图 5-14 所示，此网页是 Adobe 软件公司的官方网页，其利用蓝色与橙色这对互补色，形成强烈的视觉冲击，抓住用户的眼球。

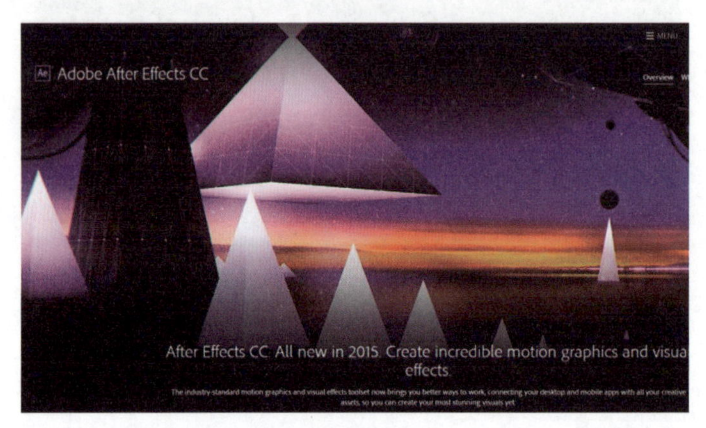

图 5-14　互补色网页设计（1）

图 5-15 所示的是一家烹饪公司的官方网页，它巧妙地运用了食物中红色与绿色这对互补色，既能吸引用户的眼球，又能体现网页的主题。

图 5-15　互补色网页设计（2）

5.6 突出色

突出色与前面所提到的点睛色大同小异，能够丰富页面，增强页面的层次感，使整个页面看起来生动活泼。突出色具体是指在没有色调或者在灰色调的颜色中突出一个高饱和度的色彩，使得页面更加鲜明生动。如图 5-16 所示的是一个音乐网站，此网页的灰色的背景下，采用饱和度较高的红色作为突出色，在表达了音乐二字的同时，又突出了网页的主题。

图 5-16　突出色网页设计（1）

图 5-17 所示的是著名拳击手 Amir Kahn 的官方网站，其排版大胆，外观是典型的简约风，运用红色突出主题，拳击手手上的红色手套与其相呼应。

图 5-17　突出色网页设计（2）

第 6 章

网页色彩设计的趋势

网页色彩设计的变化如此之快，以至于我们甚至还没来得及全部体会，有的便已过时。以下所说的 5 个网页色彩设计趋势是经过仔细推敲的，它们应该会在接下来的 2016 年里继续流行，希望会对大家有所帮助。

6.1　低透明度的色彩运用分析

透明度低的色彩很有可能成为 2016 年网页设计的色彩趋势。如图 6-1 所示的网页中，选用低透明度的色彩作为背景，与网页整体协调，并且使用小块的亮色突出主题。

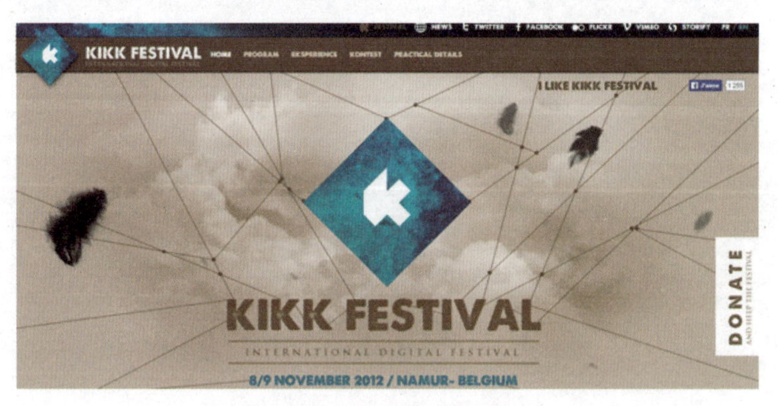

图 6–1　低透明度色彩网页设计（1）

图 6-2 所示的网页是黑暗系电影《夜行者》的官方网站，将电影中阴暗的剧情呈现在网页上，简约现代的风格处理、透明度低的色彩背景让用户可以更加专注于视频和互动本身。

图 6-2　低透明度色彩网页设计（2）

图 6-3 所示的是 UNION 的官网，虽然背景也采用了相对复杂的图片，但降低了背景色彩的透明度，使得图片、文字以及其他的装饰元素之间的搭配对比控制得很好，有视觉重心又不会造成视觉干扰。

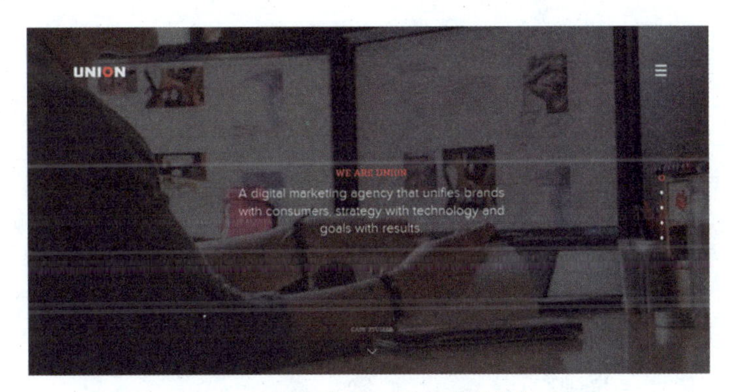

图 6-3　低透明度色彩网页设计（3）

6.2　柔和鲜嫩的色彩运用分析

扁平化网页设计在 2014 年中的流行让柔和色彩的用途变得越来越广泛。这样的色彩基调将在 2015 年和 2016 年得到进一步的延续，其中马卡龙色系也许会常常出现在网页设计中。如图 6-4 所示的是著名的网盘服务 Dropbox 的官方网站，该网站使用了柔和扁平的配色方案，将矢量插画与华丽的排版结合在一起，为用户带来可靠的功能和绝佳的体验。

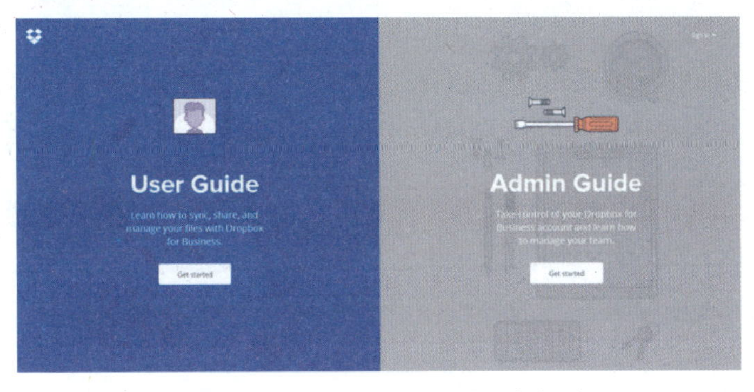

图 6-4　柔和鲜嫩色彩网页设计（1）

图 6-5 所示的是一个展示个人作品的网页，柔和鲜嫩的扁平化色块点缀在整个清爽的页面上，使整个页面充满活力。

图 6–5 柔和鲜嫩色彩网页设计（2）

图 6-6 所示的是一个日本的音乐类网站，打开 Don-guri 的网站，会看到网页中若干明亮的小色块组合成文字，给人一种愉悦的视觉感受。这个音乐类项目能够将正能量充满你的办公室，帮你调整状态，让你精力充沛一整天。更重要的是，该网站不仅音乐主题明确，而且网站色彩的设计也清新明快，让人过目难忘。

图 6–6 柔和鲜嫩色彩网页设计（3）

6.3 偏灰的冷色系粉色运用分析

偏灰的冷色系色彩是一种看起来比较百搭的颜色，但是实际上，要将这类颜色使用得恰如其分并不是一件容易的事情。这类色彩表现得比较中性，所以搭配任何颜色都不会显得突兀，但也不算出挑，而要让色彩之间真正融合，应该选择清淡的粉色系，让网页看起来清新脱俗。

如图 6-7 所示，Dior 的网页设计走的是优雅精致的路线，时尚的写真和华丽的视频，配合美妙的粉色色彩，富有张力的排版和艺术化的风格，绝对是优秀设计的典范。

图 6-8 所示的是 Quechua 企业的官网，它一直以独特原创的网站设计而闻名，Quechua 最近一次改版后，网页加入了大图背景、精致的图标、扁平化的设计以及粉色系色彩，吸引了用户的关注。

图 6-7 偏灰的冷色系粉色网页设计（1）

图 6-8 偏灰的冷色系粉色网页设计（2）

图 6-9 所示的是一个美食网站——世界烘培日。借助插画、矢量图形和大胆的个性化装饰字体以及粉色系色彩，网站设计师用尽一切办法试图勾起用户的食欲，抓住用户的眼球。

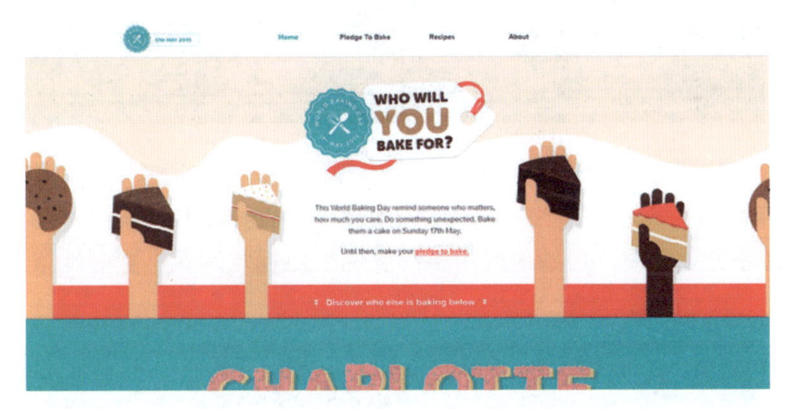

图 6-9 偏灰的冷色系粉色网页设计（3）

6.4 用高亮色凸显用户交互

大片的高亮色设计一定会造成用户的视觉疲劳，令人很反感，但小部分的高亮色设计能起到突出重点的作用，既能将内容有效地区分开来，又能保证与整体色调保持一致，还可以让用户进行很好的交互体验。如图 6-10 所示，这个音乐网站没有铺天盖地的设计元素，也没有精妙绝伦的创意，利用亮色吸引用户并进行体验，良好的浏览体验和细腻的处理令整个网站脱颖而出。

图 6-10　高亮色网页设计（1）

图 6-11 所示的是日本万国学生艺术展览祭的官网网站 Gakuten，其设计清爽，细节排版精致到位，作为一个大型设计展的官网，网站和展览本身紧密关联，美观与功能都兼顾到了。当鼠标指针移动到导航栏菜单时会变成鲜艳的绿色，巧妙地体现了用户的交互性。

图 6-11　高亮色网页设计（2）

图 6-12 所示的是一个独特的线上购物网站的设计方案。和其他堆砌产品的电商网站相比，它更富有活力，感觉更活泼，巧妙地运用了高亮的红色视觉刺激，更好地激发了用户的购物欲望。

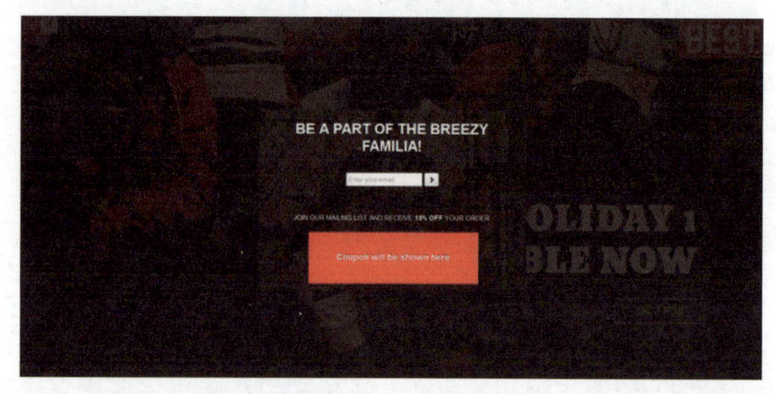

图 6-12　高亮色网页设计（3）

6.5 蓝色是网页的“基本款”

蓝色在网页设计中属于不会出错的颜色，当你举棋不定或是在色彩上产生困惑的时候，你可以尝试用蓝色，也许能顺利化解你的问题。

如图 6-13 所示，网站以非侵略式的方式呈现出来自世界各地的人们的笑容，配合网格式布局，平衡而自然。网页汇总蓝色的元素和平铺的内容也提升了网页的设计感。

图 6-13　蓝色网页设计（1）

图 6-14 所示的是 Blu Homes 的官方网站，其首页在文案设计和视觉设计之间找到了平衡点，兼顾了视觉和阅读体验。此外，自然的动效和精心选取的以蓝色调为主的图片作为背景，为整个网站营造出温馨的氛围。

图 6-14　蓝色网页设计（2）

图 6-15 所示的是 Pollen London 的官方网站，这个网页的所有内容都围绕着时尚之美。利用蓝色清晰时尚的大图作为背景，充满识别度的品牌展示，为整个网站定下了基调。

色彩在任何一种设计中都起着很重要的作用，相差不多的色彩却能渲染出截然不同的情感效果。因此，利用好色彩与生俱来的魅力，就能让你的网页设计更特别。

图 6-15　蓝色网页设计（3）

下篇

网页布局设计

网页创意设计

网站的整体风格及其创意设计是站长们最希望掌握，也是最难以学习的。其难点就在于没有一个固定的程式可以参照和模仿。当给出一个主题，任何两人都不可能设计出完全一样的网站。当人们说："这个站点很 cool，很有个性！"那么，是什么让读者觉得很 cool 呢？它和一般的网站有什么区别呢？

7.1　网页的类型

7.1.1　从功能上分类

静态网站是指全部由 HTML（标准通用标记语言的子集）代码格式页面组成的网站，所有的内容均包含在网页文件中。网页上也可以出现各种视觉动态效果，如 GIF 动画、Flash 动画、滚动字幕等，而网站主要由静态化的页面和代码组成，一般文件名均以.htm、.html、.shtml 等为扩展名。

动态网站并不是指具有动画功能的网站，而是指网站内容可根据不同情况动态变更的网站，一般情况下动态网站通过数据库进行架构。动态网站除了要设计网页外，还要通过数据库和编程序来使网站具有更多自动的和高级的功能。动态网站体现在网页一般是以 asp、jsp、php、aspx 等结束的，而静态网页一般是以 HTML 结尾的，动态网站服务器空间配置要比静态的网页要求高，费用也相应的高，不过动态网页利于网站内容的更新，适合企业建站。动态是相对于静态网站而言的。

程序是否在服务器端运行，是重要标志。在服务器端运行的程序、网页、组件，属于动态网页，它们会随不同客户、不同时间，返回不同的网页，如 asp、php、jsp、cgi 等。运行于客户端的程序、网页、插件、组件，属于静态网页，如 html 页、Flash、JavaScript、VBScript 等，它们是永远不变的。

静态网页和动态网页各有特点，网站采用动态网页还是静态网页主要取决于网站的功能需求和网站内容的多少，如果网站功能比较简单，内容更新量不是很大，采用纯静态网页的方式会更简单，反之一般要采用动态网页技术来实现。

静态网页是网站建设的基础，静态网页和动态网页之间并不矛盾，为了网站适应搜索引擎检索的需要，即使采用动态网站技术，也可以将网页内容转化为静态网页发布。

动态网站也可以采用静动结合的原则，适合采用动态网页的地方用动态网页，如果必要使用静态网页，则可以考虑用静态网页的方法来实现，在同一个网站上，动态网页内容和静态网页内容同时存在也是很常见的事情。

7.1.2 从风格上分类

不同主题的网站类型造就不同的网站风格，网站风格可以有所突破，但总体而言还需要遵循一定的规律与特点，如若资讯类网站像个人形象网站那样设计，那么浏览者很有可能找不到需要的资讯，而且资讯普遍具有时效性，所以对浏览者来说内容更为重要一些。下面介绍了几大类不同类型网站的网站风格，希望可以给读者一些启发。

1. 门户资讯类网站

门户资讯类网站就如如上所说，并不需要特别花哨的装饰，如实地把相关资讯呈现给浏览者，简洁明了，才是浏览者最需要的。如图 7-1、图 7-2 所示就是国内知名的门户资讯类网站，它们都没有花哨的装饰、夸张的图案，把用户想看的呈现给用户，才是这类网站的主要目的。

图 7-1 新浪网首页　　图 7-2 搜狐网首页

2. 资讯与形象相结合的网站

资讯与形象相结合的网站就不单单是只为资讯而存在的，这类网站不仅要把有关资讯呈现给浏览者，更需要宣传网站的单位形象，如教育类、企业类、娱乐类等网站。如图 7-3 所示的是韩国知名娱乐公司的官方网站，不仅要更新艺人资讯，更重要的是要打造公司形象，那么这类网站就不能像门户资讯类网站那样不加修饰，传达企业文化就成为主旨。而图 7-4 所示的是知名大学的官方网站，这类网站就严肃多了，学术氛围浓厚，但依然以传达学校文化为主，所以学校的新闻虽然重要，却也不是最重要的。

图 7-3 YG 娱乐公司网站首页

图 7-4 慕尼黑大学网站首页

3. 形象宣传类网站

形象宣传类网站是主要针对个人与某些特定活动而设置的网站，如图 7-5、图 7-6 所示，其主要作用是宣传个人形象与活动内容。这类网站风格主要针对个人与特定活动而设定，具有很强的性格色彩，大多以人物头像结合文字作页面，也有些活动以图标或是标志性海报作主页面。

图 7-5 个人形象宣传类网站

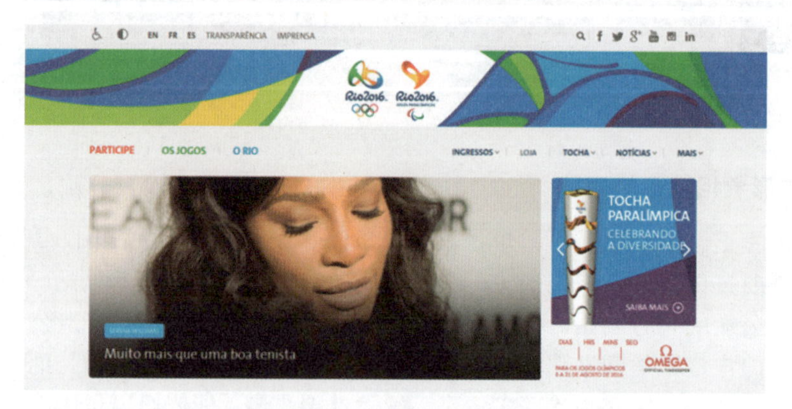

图 7-6 活动形象宣传类网站

4. 个性化表现风格类网站

有些网站并不需要太官方和太正式的设定，那么就可以根据自己的喜好来设定网页风格，这类网站往往表现感较强，同时具有浓郁的个性特色。如图 7-7～图 7-9 所示，这些网站完全是按照个人喜好而设计的。图 7-7 用手绘的方式表现网站主题，让人不禁多看两眼。图 7-8 用一种戏谑的手法把网页做得呆萌可爱，写实与手绘并存，而且带有反差的效果，十分有趣。图 7-9 从网页开始加载到加载完成是从线描到黑白再到彩色，虽说这种手绘的风格并不少见，但这种循序渐进的方式让浏览者在等待网页加载的无聊时间也变得有趣起来。

图 7-7　手绘式网站

图 7-8　照片与漫画结合诙谐式网站

图 7-9　变化式网站

7.2 设计创意

7.2.1 创意是设计的灵魂

1. 创意是网站生存的关键

很难想象一个毫无创意的网站会留住浏览者的眼睛，只有内容丰富多彩，充满趣味与想象力的网站才能吸引更多的访问者，这一点相信大家都已经认同。然而作为网页设计师，最苦恼的就是没有好的创意来源。

注意，这里说的创意是指站点的整体创意（指因为这个创意而产生这个站点，或者相同的内容推出的创意不同）。图 7-10、图 7-11 都是充满创意的设计。

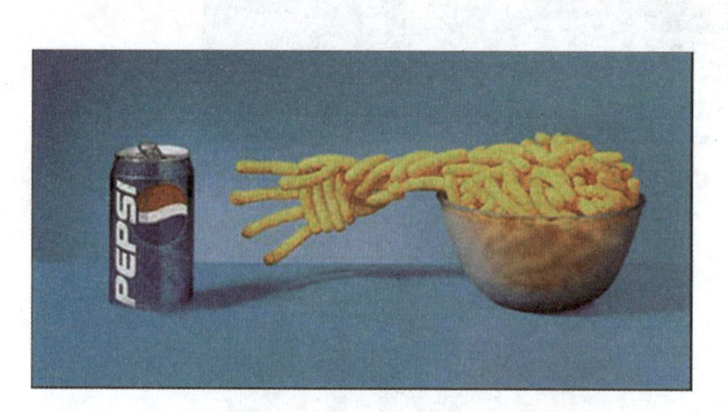

图 7-10 充满创意的设计（1）

图 7-11 充满创意的设计（2）

创意到底是什么，如何产生创意呢？创意是引人入胜、精彩万分、出其不意的；创意是捕捉出来的点子，是创作出来的奇招。

上述这些讲法都说出了创意的一些特点，但从实质上讲，创意是传达信息的一种特别方式。例如，“Webdesigner”（网页设计师）这个词，如果将其中的“e”字母大写“wEbdEsignEr”，又有一种新的感觉，这其实就是一种创意。

2. 创意是思考的结果

创意并不是天才者的灵感，而是思考的结果。根据美国广告学教授詹姆斯的研究，创意思考的过程分为 5 个阶段。

（1）准备期——研究所搜集的资料，根据旧经验，启发新创意。

（2）孵化期——将资料咀嚼消化，使意识自由发展，任意结合。

（3）启示期——意识发展并结合，产生创意。

（4）验证期——将产生的创意讨论修正。

（5）形成期——设计制作网页，将创意具体化。

总而言之，创意是将现有的要素重新组合。例如，网络与电话结合，产生 IP 电话。从这一点上出发，任何人都可以创造出不同凡响的创意。而且，资料越丰富，越容易产生创意。就好比万花筒，筒内的玻璃片越多，所呈现的图案就越多。你如果有心可以发现，网络上最多的创意来自与现实生活的结合（或者虚拟现实），如在线书店、电子社区、在线拍卖。

7.2.2 创意方法

任何一个创意都需要通过创造性思维才能获得，创造性思维是一种具有创造性意义的思维活动。创造性思维能力通过长期的知识积累、经验总结才能获得，创造性思维的过程实际就是推理、想象、直觉等思维活动。

创意是一个创造未知事物的思维构成，是创造性思维的表现。创意的获得也有一定的方法与规律可循，下面介绍几种常用的方法。

1. 联想法

联想法就是通过一定的方式和程序，克服妨碍想象的因素、调动激励想象力的因素，使创意思维达到成功，如图 7-12 所示，以昆虫取代文字。产生创意思考的途径最常用的是联想，这里提供了网站创意的 25 种联想线索：把对象颠倒；把对象缩小；更换颜色；使对象更长；使对象闪动；把对象放进音乐里；结合文字、音乐、图画；使对象成为年轻的；使对象重复；使对象变成立体的；参加竞赛；参加打赌；变更一部分；分裂对象；使对象罗曼蒂克；使对象速度加快；增加香味；使对象看起来流行；使对象对称；将对象向儿童诉求；使价格更低；给对象起个绰号；把对象打包；免费提供；以上各项延伸组合。

2. 重组联合法

重组联合法是通过一定的程序和方式，将若干独立因素巧妙地结合或重组，从而获得新意。它不是简单的拼凑，而是对已有的经验、智慧与知识的提炼与升华。我们常说的“瞎子背瘸子”就是一个最平常的组合，一个看得见，一个跑得动，二合一的结果就是“看得见、跑得动”，而且是“站得高、看得远”。如图 7-13 所示，将日常所用的东西作为链接按钮，谁说不是最佳创意呢？

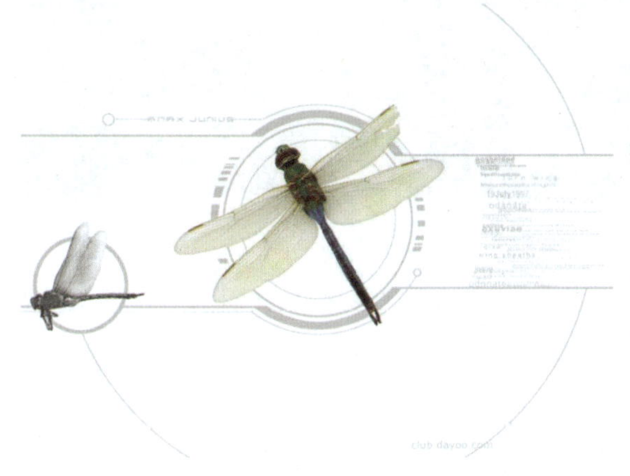

图 7-12　联想法

图 7-13　重组联合法

3. 夸张法

夸张是艺术创作常用的手法，它借助想象，使用夸张的手法更鲜明地强调或揭示事物的本质，强化艺术作品的艺术效果，但夸张必须具备合理性，如图 7-14 所示，利用八爪鱼的触角，表示所涉猎的项目之多，就是一种很好的创意。

4. 幽默法

幽默法是指在作品中巧妙地再现戏剧性特征，创造一种充满情趣、耐人寻味的意境，如图 7-15 所示。

图 7-14　夸张法

图 7-15　幽默法

5. 展示法

展示法就是着力突出要表现的对象最容易打动人心的部分，运用各种视觉手段烘托、表现对象，使其具有最大感染力，如图 7-16 所示，通过背景的渲染突出主题。

6. 偶像法

偶像法是一种效果非常好的创意方法，其创意的受关注度与偶像的知名度有关，如图 7-17 所示。

图 7-16　展示法

图 7-17　偶像法

需要一提的是，创意的目的是更好地宣传推广网站。如果创意很好，却对网站发展毫无意义，好比给奶牛穿高跟鞋，那么，宁可放弃这个创意。

网页布局的要素

科技发展日新月异，网页设计也越来越走向多元化，如今的网页设计更走在一个多元、创新、创意的层次上，但无论怎样创新、怎样变化，万变不离其宗。一个成熟的网页界面并不是随心意可以改变的，它需要规则和必要艺术设计因素。因此，本章中主要分析网页布局的要素，即页面尺寸、整体造型、页眉、文本文字、页脚、图像、多媒体、导航栏的位置和交互式表单这 9 项要素。

8.1　页面尺寸

设计者在进行网页布局设计时，对网页界面的尺寸都比较迷茫，尺寸设定是进行网页设计的第一步，在 Photoshop 里应该设置多少像素才算合适呢？太宽就会出现水平滚动条了。2015 年 5 月 1 日～10 月 31 日百度统计的分辨率使用情况如图 8-1、图 8-2 所示，1920×1080 已占使用率的第一位，由此说宽屏、大屏已成为当今用户的使用主体。

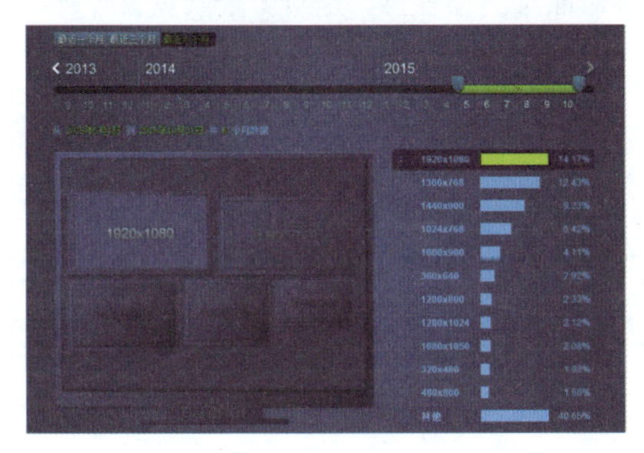

图 8-1　百度统计数据（1）

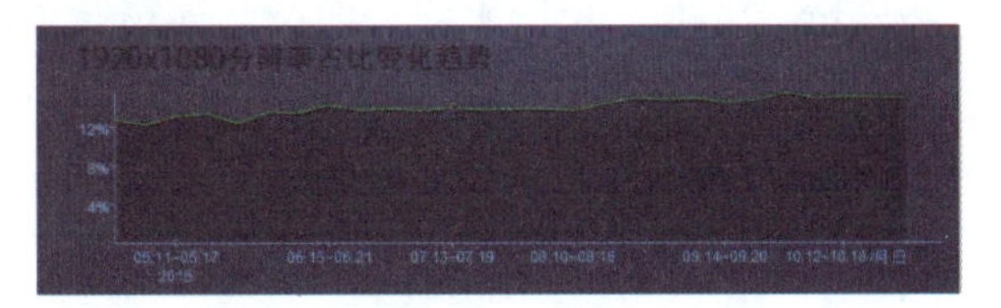

图 8-2　百度统计数据（2）

但并不是说所有的网页都应该设计符合大屏分辨率的要求，毕竟800×600、1024×768这种尺寸也是网页设计的标准尺寸，所以设计师在制作网页时最先应该考虑的是目标用户群。但由于现在计算机可以自设分辨率，所以网页的尺寸设计并不是一个特别大的问题。下面就网页设计的标准尺寸设定进行简单的分析。

1. 标准尺寸下的制作规划

（1）在分辨率为800×600的标准页面尺寸下，网页宽度应保持在778以内，就不会出现水平滚动条，高度则视版面和内容决定。

（2）在分辨率为1024×768的标准页面尺寸下，网页宽度保持应在1002以内，如果满框显示，则高度在612～615之间，就不会出现水平滚动条和垂直滚动条（在DW里面有设定好的标准值，1024×768页面的标准大小是955×600，依据该尺寸即可）。

2. 软件制作中的具体制作规划

（1）在Photoshop中设计网页时，可以在800×600状态下显示全屏，页面的下方又不会出现滑动条，其尺寸应设置为740×560左右。

（2）在Photoshop中完成的图，其色彩在网络中会发生变化，因为Web上只用到256Web安全色，而Photoshop中的RGB或者CMYK以及LAB或者HSB的色域很宽，颜色范围很广，所以自然会有失色的现象。

一般情况下，如果页面标准按800×600的分辨率制作，实际尺寸为778px×434px，页面长度原则上不超过3屏，宽度不超过1屏每个标准页面为A4幅面大小，即8.5英寸×11英寸。

8.2 页面整体造型

网站的设计首先要考虑整体造型的定位。任何网站都要根据主题的内容决定其风格与形式，因为只有形式与内容的完美统一，才能达到理想的宣传效果。网站的整体风格实际上是指站点的整体形象给浏览者的综合感受。

网页设计的目标是将网页和用户连接，通过设计让用户对网站产生信任。尽管以功能性为主，但依然可以为用户提供优良的用户体验。作为一个设计师能否做到通过网页有效地传达客户的信息或者品牌、是否能够在浏览者中建立一种对品牌的信任感，是对一个网页设计师最基本的要求。

8.2.1 网站风格

风格（Style）是抽象的，而网站风格是指站点的整体形象给浏览者的综合感受。

这个“整体形象”包括站点的CI（标志、色彩、字体、标语）、版面布局、浏览方式、交互性、文字、语气、内容价值、存在意义、站点荣誉等诸多因素。大家都认为迪士尼是生动活泼的，IBM是专业严肃的，这些都是网站给人们留下的不同感受。不同风格主页的表现如图8-3、图8-4所示。

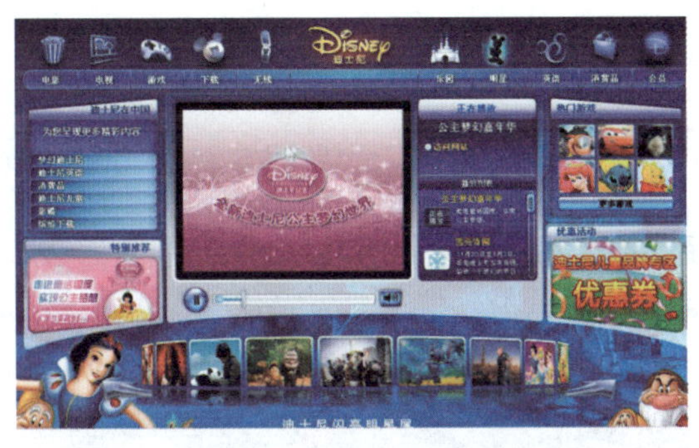

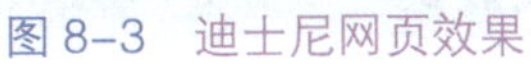
图 8-3 迪士尼网页效果

图 8-4 IBM 网页效果

风格是独特的，是彼此之间的区别之一。或者色彩、或者技术、或者是交互方式，能让浏览者明确分辨出这是你的网站独有的。

风格是有人性的。通过网站的外表、内容、文字、交流可以概括出一个站点的个性、情绪，如温文儒雅、执着热情、活泼易变、放任不羁。像诗词中的“豪放派”和“婉约派”，完全可以用人的性格来比喻站点，如图 8-5 就是小清新、自然风格的网页设计，而图 8-6 显然是豪放风格的网页设计，热情、奔放，使浏览者能透过屏幕感受到热烈的气氛。

图 8-5 婉约派网页效果

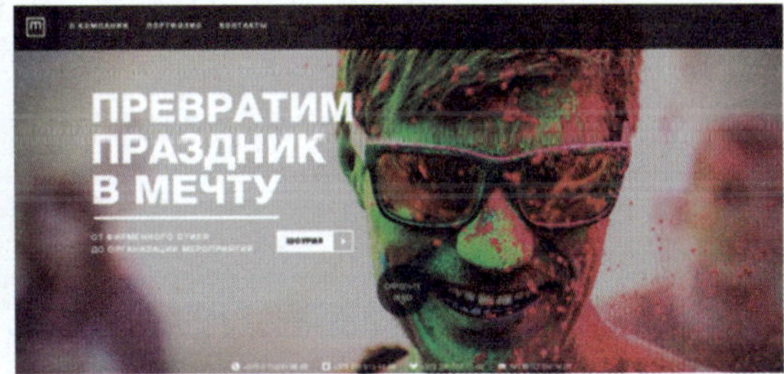

图 8-6 豪放派网页效果

有风格的网站与普通网站的最大区别在于：普通网站看到的只是堆砌在一起的信息，只能用理性的感受来描述，如信息量的大小、可浏览速度的快慢。但当浏览过有风格的网站后，浏览能有更深一层的感性认识，如站点有品位、和蔼可亲、是老师、是朋友等内在的因素自然而然地加以流露，如图 8-7 虽是一个食品网站，却能在普通的食物中让人感受到亲切、美好的自在气氛。

图 8-7 亲切风格网页效果

8.2.2 设计风格与品牌形象的一致性

当然设计师确认设计风格时一个不可忽略的因素就是要了解该网站的品牌形象，只有在了解二者的一致性后，才可以致力于构建页面元素之间的联系。如图 8-8、图 8-9 所示的 MARS 网站，其设计表现给人一种严谨、一致的视觉感受，符合玛氏全球化的理念。其布局井然有序，主页面、链接页面有章可循，配色方案自成体系，交互方式统一协调，与内容深度联系，这就是一致性。

图 8-8　MARS 网站主页

图 8-9　MARS 网站链接页

品牌的形象总要与网页的风格相互呼应，当浏览者打开网页，不用看文字解释就能准确与现实品牌相联系，那么这个网页就能够起到承载品牌信息的作用。

雀巢和苹果公司的网页就很好地诠释了品牌与网页风格相关联的作用，如图 8-10、图 8-11 所示。

图 8-10　雀巢咖啡网站主页

图 8-11　苹果中国网站主页

如图 8-12 所示，可口可乐公司的网页则充分地演绎了品牌自身的视觉标志与网站交相呼应，使浏览者一眼就能意识到这是可口可乐的网站首页。

图 8-12　可口可乐网站主页

8.2.3 设计风格与视觉的一致性

视觉的一致性也是相当重要的。网页中的颜色、元素太过繁杂就会给人繁杂、混乱甚至找不到重点的感觉，因此，网页的设计不能太过繁杂，简洁是必不可少的重要因素。

从网页艺术表现来说，简洁首先是为了突出主题，传达主要意图，删减不必要的琐碎细节。简洁并不意味着功能元素的缺少，而是指要确保网页上的每一个元素都应当是必不可少的，都必须有其存在的必要性。成熟而优秀的网页作品反映出以少胜多、以一当十的艺术魅力，使人回味无穷。中国传统山水画中正是有了空白的省略，才使得尺幅的画卷能承载无限江山。如图 8-13～图 8-15 所示的网页设计为了给受众一个深刻的记忆，做到了简约、精炼，也符合人们的视觉认知心理。

图 8-13 网站首页

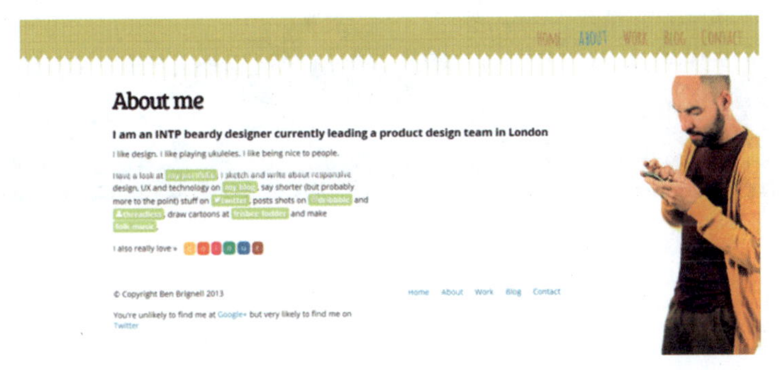

图 8-14 网站二级页面

图 8-15 网站三级页面

首先可以看出，图 8-13 中的主页面并没有太大的信息量，有点像引导页。因为设计师将

主要信息量都涵盖在二级、三级页面，图 8-14 是这个网站的一个二级页面，但二级页面也只是简要、大略地说明了内容，因为在二级页面中也有链接三级页面的指示，当打开其中的一个三级页面时，如图 8-15 所示，就会发现所有有关的具体内容、图片分门别类地呈现在浏览者面前，这种设计风格是将一级、二级页面设计成目录样式，使浏览者在最短的时间内找到他们最想要找到的东西。而它们的首页只是品牌形象与关键字信息的传达，它们的页面简洁却并不简单，每个页面在传达企业形象的同时也让浏览者有一种视觉上的享受。这种简洁而不简单的页面设计不仅加深了浏览者的印象，同时也提高了网页的点击率。

8.3 页眉

页眉是网页顶端的文本和图像，是浏览者最先看到的网页信息，是网页设计至关重要的组成部分。现在的页眉已经不局限于单纯的 LOGO 和菜单放置了，页眉的概念被重新定义，突破局限的设定和富有创新趣味的图片让页眉的设计冲破空间的限制，给浏览者留下深刻印象。下面一一分析不同页眉的展示效果。

（1）如图 8-16 所示，其页眉中充分体现了网站自身的诡异气氛，带有哥特式的风格，甚至不需要看下面的内容就能大致通过图片和装饰猜出网站的另类风格。

图 8–16　诡异气氛页眉

（2）如图 8-17 所示，页眉就轻松多了，并且与传统页眉不同，看不到导航栏，单独拿出来看像是一张漫画，实际上用这种好玩的漫画来反映枯燥无味的化学，让对科学毫无兴趣的人也感到妙趣横生。

图 8–17　轻松气氛页眉

（3）如图 8-18 所示，制作这个页眉的设计者着实花费了一番心思，这些复杂的因素组合起来也是一件很麻烦的事，这种不同时代的元素组合起来也正切合了网站的主题。Living Design 生活中的设计也是随着时代的发展而不断发展的，这个网站的设计者也是用心良苦。

图 8-18 切实主题页眉

（4）几乎每个人都希望自己的生活简单一点，如图 8-19 所示的这个网站的页眉恰好遵循了这一原则，以一个俯视的角度展现了工作、设计中的一种状态，简单做，往往也不差。

图 8-19 简单风格页眉

（5）如图 8-20 所示，这个页眉的导航栏几乎看不见，但这个页眉做得很有趣，像是进入一个神秘的店铺，一个似乎有很多故事的掌柜在柜台里等待你的问话，神秘又好奇的气息扑面而来。

图 8-20 神秘气氛页眉

8.4 文本文字

一个网站需要传达信息，可能就非文字莫属了，出现了文字，就会出现文字排版，字体选择，字体颜色、大小与粗细等细节。而这些细节，往往是非常重要的细节。好的文字设计及排版不仅能够准确地传达出设计者的心意，而且能使浏览者在浏览网页时能够有一个好的心情。

文字逃不开两个方面：实用性与创意性。实用性自不必多说，不需要花哨的颜色和设计，能够让浏览者一眼就看出表达内容就是很好的文字设计，国内多用宋体、黑体、楷体等字体，这些字体用于显示屏中是最使人眼睛舒服的一种设定，符合中国人看字的习惯。

以人民网和新华网为例（图 8-21、图 8-22），新闻网站是最需要准确明了传达信息的，所以创意性就稍微让步，因此这两个国内权威的新闻网站就运用了黑体与宋体的结合，标题等惯例都用了黑体来表现，而小标题则使用宋体加粗来区别于正文，正文自然就运用宋体来表现。

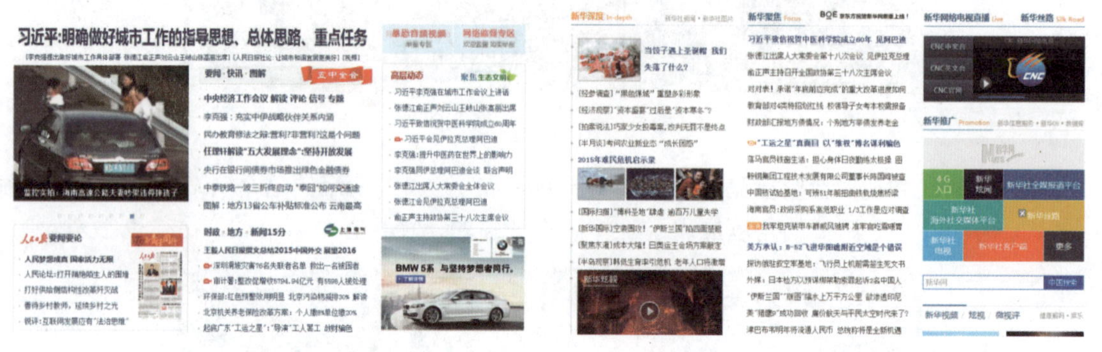

图 8-21 人民网网站的字体　　图 8-22 新华网网站的字体

虽说新闻网站大多运用冷静、客观的黑体和宋体，但并不是所有的网站都习惯走大众化，如天猫和 1 号店（图 8-23、图 8-24），典型的电商网站，就不能如此冷酷无情地堆砌文字，给文字加上装饰，运用综艺体、圆体这种娱乐性较强的文字把页面打扮得绚丽美观，才是吸引顾客的首选。

图 8-23 以天猫为例的购物网站

图 8-24 网站中的综艺体

8.4.1 网页中文字的设计形式

页面里的正文部分是由许多单个文字经过编排组成的群体，要充分发挥这个群体形状在版面整体布局中的作用。从艺术的角度可以将字体本身看成一种艺术形式，它在个性和情感方面对人们有着很大影响。在网页设计中，字体的处理与颜色、版式、图形等其他设计元素的处理一样非常关键。从某种意义上来讲，所有的设计元素都可以理解为图形。下面主要阐述常见的几种文字处理方法。

1. 文字的图形化

字体具有两方面的作用：一是实现字意与语义的功能；二是美学效应。所谓文字的图形化，即强调它的美学效应，把记号性的文字作为图形元素来表现，同时又强化了原有的功能。作为网页设计者，要既可以按照常规的方式来设置字体，也可以对字体进行艺术化的设计。无论怎样，一切都应围绕更出色地实现自己的设计目标这一目的。

将文字图形化、意象化，以更富创意的形式表达出深层的设计思想，能够克服网页的单调与平淡，从而打动人心，如图 8-25 所示。

2. 文字的叠置

文字与图像之间或文字与文字之间在经过叠置后，能够产生空间感、跳跃感、透明感、杂音感和叙事感，从而成为页面中活跃的、令人注目的元素。虽然叠置手法影响了文字的可读性，但是能造成页面独特的视觉效果。这种不追求易读，而刻意追求“杂音”的表现手法，体现了一种艺术思潮。因而，它不仅大量运用于传统的版式设计，在网页设计中也被广泛采用，如图 8-26 所示。

图 8-25　文字图形化

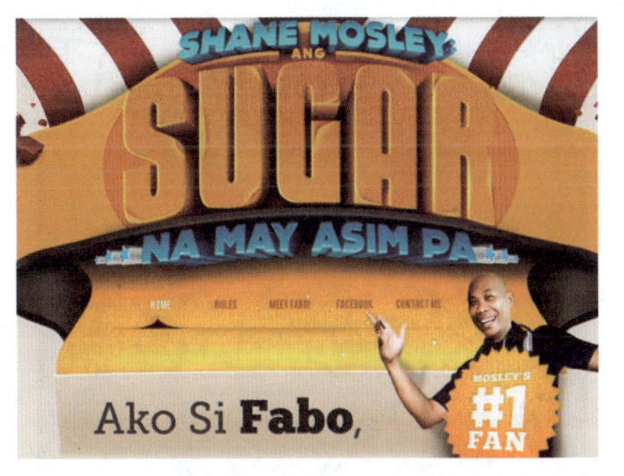

图 8-26　文字的叠置

3. 标题与正文文字

在进行标题与正文的编排时，可先考虑将正文做双栏、三栏或四栏的编排，再进行标题的置入。将正文分栏，是为了求取页面的空间与弹性，避免通栏的呆板以及标题插入方式的单一性。标题虽是整段或整篇文章的标题，但不一定千篇一律地置于段首之上，可做居中、横向、竖向或边置、斜置等编排处理，甚至可以直接插入字群中，以新颖的版式来打破旧有的规律，如图 8-27、图 8-28 所示。

图 8-27　标题斜置

图 8-28　标题、正文同时斜置

8.4.2　网页中文字的布局形式

网页设计中，文字的编排形式多种多样，页面里的正文部分是由许多单个文字经过编排组成的群体，要充分发挥这个群体形状在版面整体布局中的作用。

1. 两端均齐

文字从左端到右端的长度均齐，字群形成方方正正的面，显得端正、严谨、美观。图 8-29 中的正文字体排列得像箱子一样整齐，也称之为箱式排列。

2. 左对齐或右对齐

左对齐或右对齐使行首或行尾自然形成一条清晰的垂直线，很容易与图形配合。这种编排方式有松有紧，有虚有实，跳动而飘逸，能产生节奏与韵律的形式美感。左对齐符合人们阅读时的习惯，显得自然；右对齐因不太符合阅读习惯而较少采用，但显得新颖。左对齐方式如图 8-30 所示，右对齐方式如图 8-31 所示。

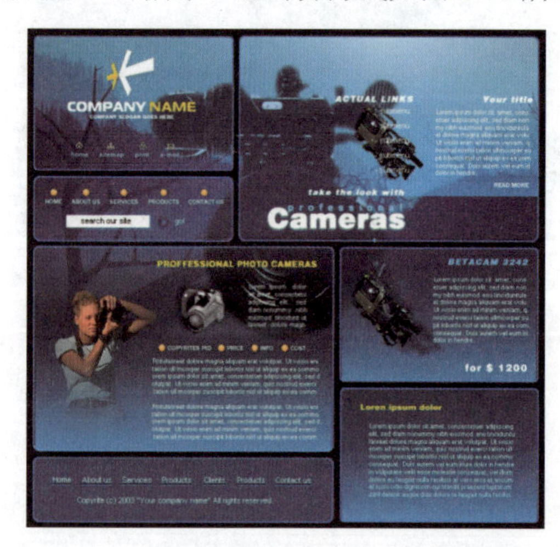

图 8-29　箱式排列

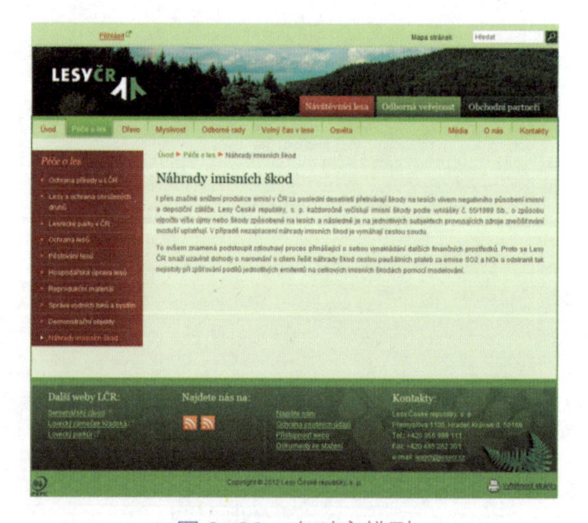

图 8-30　左对齐排列

3. 居中排列

居排列（也称中轴对称式排列）是在字距相等的情况下，以页面中心为轴线排列，这种编排方式使文字更加突出，产生对称的形式美感，如图 8-32 所示。

图 8–31　右对齐排列

图 8–32　居中排列

4. 绕图排列

绕图排列将文字绕图形边缘排列。如果将底图插入文字中，会令人感到融洽、自然，如图 8-33 所示，图文混排的版式设计。

5. 自由编排

自由编排是综合以上排列形式，依据版式需要，自由发挥的编排形式，如图 8-34 所示。

图 8–33　图文混排的版式设计

图 8–34　自由编排的排列方式

6. 文字的强调

有意地加强某种文字元素的视觉效果，使其在整体中显得特别出众而夺目，是为强调。这个被强调的元素正是版面中的诉求重点，或为引人注目的效用。通常是为了突出主题而减弱其他要素的配置量，使之产生“主与宾”的对比关系。宾体越弱则主体越强，如图 8-35、图 8-36 所示。

图 8–35　强调行首

图 8–36　引文与个别文字的强调

对于文字强调，通常采用下列方法加强文字。

（1）行首的强调。

将正文的第一个字或字母放大并做装饰性处理，嵌入段落的开头，这在传统媒体版式设计中称为“下坠式”。此技巧的发明溯源于欧洲中世纪的文稿抄写员。由于它有吸引视线、装饰和活跃版面的作用，所以被应用于网页的文字编排中。其下坠幅度应跨越一个完整字行的上下幅度。至于放大多少，则依据所处网页环境而定。

（2）引文的强调。

在进行网页文字编排时，常常会碰到提纲挈领性的文字，即引文（也称眉头）。引文概括一个段落、一个章节或全文大意，因此在编排上应给予特殊的页面位置和空间来强调。引文的编排方式多种多样，如将引文嵌入正文的左侧、右侧、上方、下方或中心位置等，并且可以在字体或字号上与正文相区别而产生变化。

（3）个别文字的强调。

如果将个别文字作为页面的诉求重点，则可以通过加粗、加框、加下画线、加指示性符号、倾斜字体等手段有意识地强化文字的视觉效果，使其在页面整体中显得出众而夺目。另外，改变某些文字的颜色，也可以使这部分文字得到强调。这些方法实际上都运用了对比的法则。

8.4.3 文字应用案例分析

对于一些高级品牌就不能采用夸张、娱乐的字体来引人注目，特别是以女性为主打的品牌，纤细、合适的大小成为字体的主要表现形式，如图 8-37～图 8-39 所示，这几种国际知名品牌的网站主页中的字体与普通商家的处理方法迥然不同，它们抛弃了所谓的越醒目越好的观点，而是越优雅越高级。当然这类品牌本身就是一种广告，一般品牌或是商家没如此的自信。

图 8-37　Dior 网站首页字体

图 8-38　海蓝之谜网站首页字体

图 8-39　香奈儿网站字体

除了一些计算机上的自带字体之外，还有一些手写字体也很受欢迎。手写字体在国内网站上较少见到，但在一些国外网站上比较常用，如图 8-40～图 8-42 所示的网站。这些网站如用计算机字体就会稍显刻板，但改为手写字体后就更与主题相适应，更能彰显网站的个性。

图 8-40　水墨相融却表现强悍的手写体

图 8-41　色彩融合的手写体

图 8-42　俏皮可爱的手写体

不是只有图片才能吸引人，如图 8-43～图 8-45 所示的文字不仅有表述信息的作用，颜色漂亮的字体、合理的配色和适当的大小同样也能吸引眼球。

图 8-43　颜色漂亮的字体

图 8-44　大小合适的字体

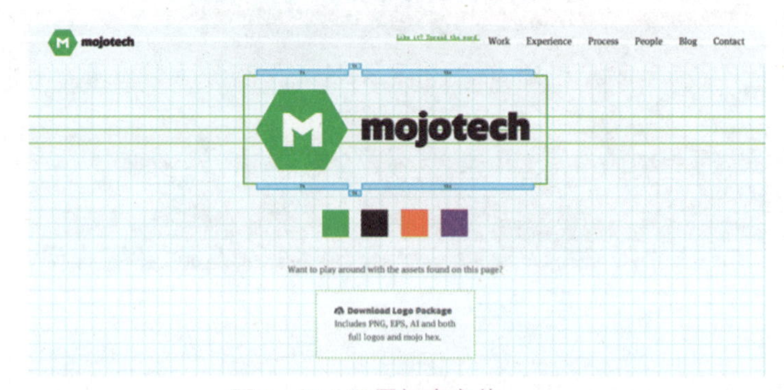

图 8-45　运用标志字体

8.5 页脚

正文页面设计完成后不要忘记页面底下的页脚设计，设计者应从整体的角度考虑页面的全面性，避免头重脚轻。设计者往往容易忽视页脚，但页脚放置的基本都是联系信息、链接网站、版权声明等重要内容，所以简洁、明了又同时富有创意性是整个页面完整、美观的重要因素。

8.5.1 页脚设计

通常设计师在接到任务时，大多数设计师都会集中精力投身于网站主页和页眉的设计，因此，在无余力对页脚进行加工的情况下，往往会选择将免责声明和版权信息等放置在页脚。其实，页脚不应该是以这种方式存在的，事实上，页脚的重要性和页眉相当，或者更甚，因为对大多数用户来说，页脚是他们最后的“停泊港”。而这恰好应该成为一个绝佳的入口：为访客提供注册服务、联系网站（提供信息/问题咨询）等。所以，此刻可以问问自己，当访客到达网页底部时，你想给他们看什么？当然是好看的页脚，即使页脚没有任何东西（按钮、链接等），只要视觉效果出众，它也可以成为网站整体中有力的那部分。下面简单介绍几种处理页脚的方法。

1. 有良好的视觉层次

访客阅读文章时需要的不是一屏到底，然后糊里糊涂地结束，而是段落分明的层次感，先是标题，然后是正文、页脚，诸如此类。因此，建立一个优秀的列表样式能帮用户提高聚焦性和可读性。

当然，干净良好的排版也至关重要。这个在设计中属于老生常谈了，当你有大量信息要处理时，简约风格是不二选择。在页脚设计上，同样要保证排版干净，元素有序，空间通透不拥挤，如图 8-46 所示。

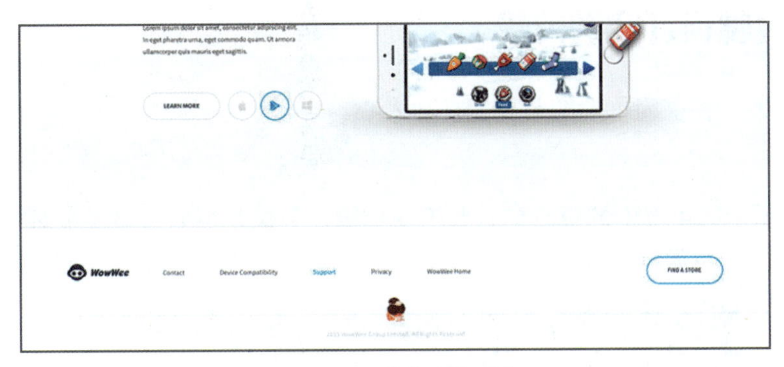

图 8-46 简约风格页脚

2. 合理留白

留白在页脚设计中同样重要，因为涉及布局，留白能分割出不同的区块，起到绘制不同区域的效果。当然，留白不是仅存白色空间，只要是无内容填充的部分都可以称为留白，如图 8-47 所示。

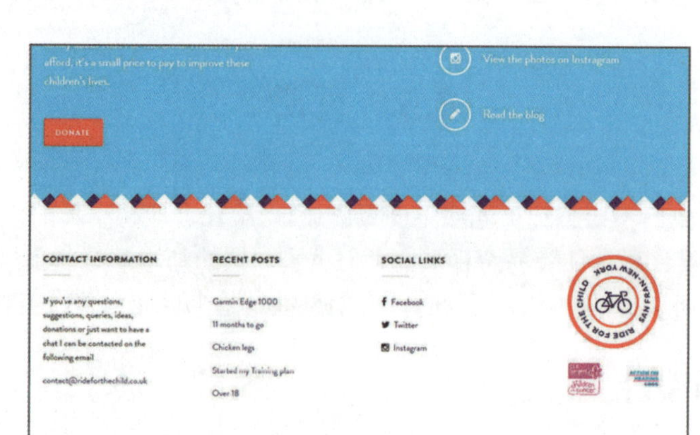

图 8–47　留白风格页脚

3. 把页脚和内容分离开

大多数页脚都是以深色背景为主的，有些是直接用插画做背景，无论哪个，你要确定的是页脚看起来是和内容分离开的，这样才不会混乱，保证了视觉上的层次性，如图 8-48 所示。

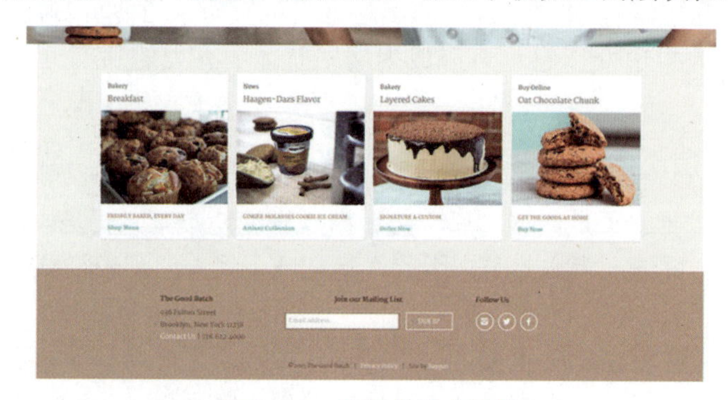

图 8–48　内容分开式页脚

8.5.2　页脚设计案例解析

细节决定成败，往往简单的细节更能打动人心。

1. 观赏感

如图 8-49 所示的主页中的页脚乍看并不像页脚，更像是页眉，虽说页脚是一个页面中最不起眼的一部分，却也做得如此精良，有复古色彩，耐人寻味且观赏价值也很高。

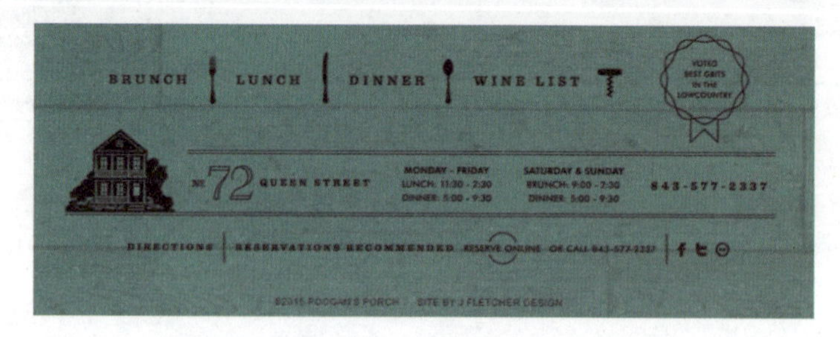

图 8–49　观赏感页脚

2. 简洁感

如图 8-50 所示的主页中的页脚可以用“简洁”两个字来形容，这也是近年来网页的一个流行趋势。其特点是这个页脚并没有用普通的直线或是线条来划分，而是采用流畅的曲线来造成流动的感觉，工整而不沉闷，几个色块、两条直线就能做到，也是很好的页脚设计。

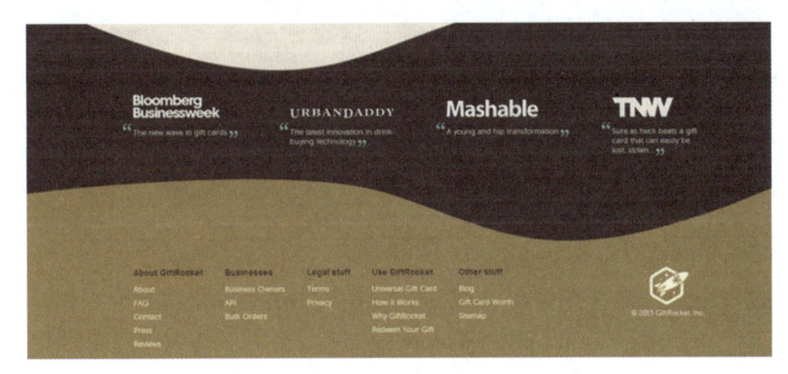

图 8-50 简洁感页脚

3. 方便感

如图 8-51 所示的主页，这个页脚乍看并无特别之处，但它最特别之处就是在页脚处也添加了搜索栏和导航栏。一般用户在浏览网页浏览到底部时需要回到最上面找搜索栏和导航栏，有些页面很长，这时有些急躁的用户就会觉得很麻烦，但这个页脚可以直接搜索和查找，是非常贴心的设计。

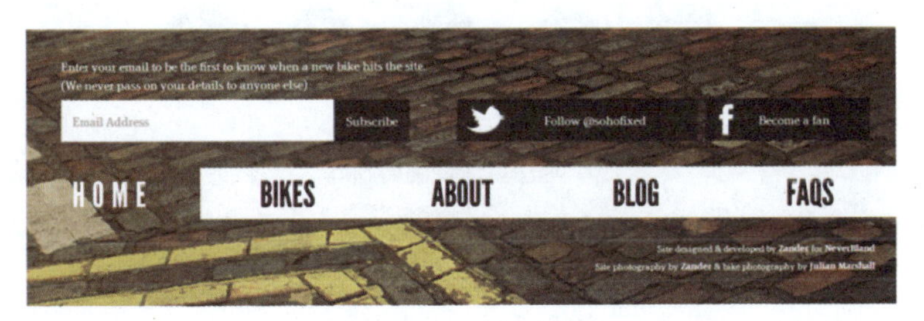

图 8-51 方便感页脚

4. 时代感

如图 8-52 所示的主页中的页脚的设计跟随时下流行的扁平化，用大幅照片做背景。跟随时代变化而变化也是不错的方式。

图 8-52 时代感页脚

5. 幸福感

如图 8-53 所示的主页中的页脚的独特之处在于即便是页脚，页面拉下来也有可爱的动画场景，而且是动态的，使浏览者浏览到最后一刻时也是带着满意的微笑看完的。

图 8–53　幸福感页脚

6. 趣味感

通常页脚只是一个块状的空间，添加 LOGO 或者图形元素可以为其添加视觉上的趣味，只是要注意不要为这狭小的空间添加太多它难以承受的元素。如图 8-54 所示，这个页脚看似很简单，但它的特别之处就在于它巨大的 LOGO，有些内容量巨大的页面，浏览者往往看到下面就忘记这个网站的主题是什么，这个页脚就发挥了提醒浏览者网页主题的作用。

图 8–54　趣味感页脚

8.6　图像

一个网站要想使网站变得美观又出众，除了用文字表达内容之外，还必须用图像来装点网页。但图像不是随意可用的，除了图像的颜色要和谐之外，还要与网站主题统一，这样浏览者就不会“跳戏”。

网页图像包括图片、动画、视频和辅助图案，网页图像是除文字之外的最重要的通用视觉表达语言，不同国家与民族，语言可以不通，但在图像的识别方面不存在障碍，因此说，图像设计是网页设计的重要组成部分。

图像与文字相比具有更直观、真实、生动而充满趣味性的特点。在设计网页图像时，要特别注意图像的风格与内容要与网页的整体风格、主题保持一致。

图 8-55～图 8-57 分别为摄影网站、教堂网站、装修公司网站，并不需要过多的文字表述，

只看图片就能分辨出这些网站是做什么的，这就是所谓的合适。

图 8-55 摄影网站

图 8-56 教堂网站

图 8-57 装修公司网站

8.6.1 图像的选择

网页中经常采用的图像一般包括产品的广告宣传图像、产品真实展示图像、企业的新闻图片，以及其他辅助图标、纹样等，这些图像在采用过程中应注意以下情况。

1. 动态图像

动态图像主要指 Flash 动画、GIF 动画、FLV 视频。

（1）Flash 动画：这是一种很常见的动态图像，其特点是体积小，视觉冲击力与变现力强，易于在互联网上广泛传播，Flash 动画文件的扩展名为“.swf”。如图 8-58 所示的 thibaud 网站，鼠标指针在首页中移动时会形成黑色与灰色方格的交替变化，并与彩色按钮形成对比，当鼠标指针指向某个按钮时，其他按钮自动降低亮度，做到突出重点。

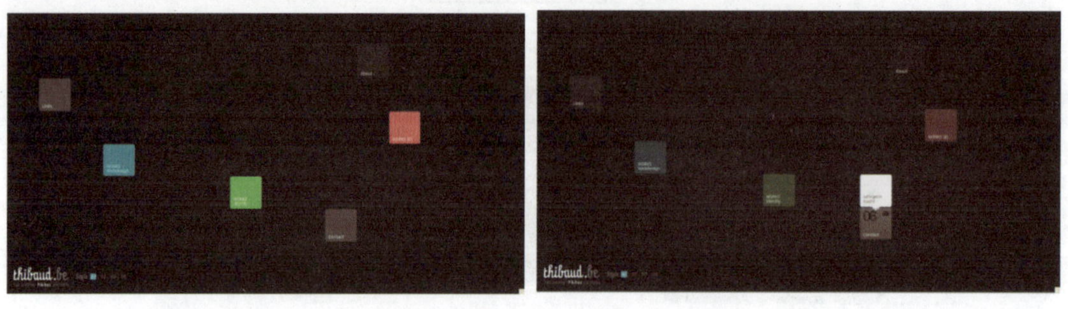

图 8-58 thibaud 网站

（2）GIF 动画：GIF 动画常用于短小动画。GIF 动画的原理是顺序播放图片，形成动画效果。如果图片尺寸较大或图片数量较多时，生成的文件会非常大，此时建议大家改为 Flash 动画。

（3）FLV 视频：其特点是体积小，压缩率高，非常适合在互联网上传播；但其缺点是清晰度不够高，如果想看高清效果的电影，只能在一些专门播放高清电影的视频网站上看。

2. 静态图像

静态图像是网页构成中重要的组成部分，其中以 JPEG 图像、GIF 图像、PNG 图像 3 种格式为主。

（1）JPEG 图像：这是最常用的一种图像格式，由于其具有较高压缩比，因此具有较小的体积，但具有优秀的图像质量，其支持 24 位真彩色，适合表现拥有丰富细节和复杂渐变色的图像，是网页用图的首选，但其不支持透明背景。如图 8-59 所示的 jupiland 网页图像对色彩、肌理、渐变色以及光泽、细节等要求较高，因此使用 JPEG 格式非常恰当。

图 8-59 jupiland 网页

（2）GIF 图像：该格式只能显示 256 种色彩，无法达到 JPEG 图像那样平滑地显示渐变色彩，因此体积较小。如果对 GIF 图像进行压缩，则损失的是图像的色彩而非失真，因此 GIF 图像适合表现色彩数量较小的单纯色彩。

（3）PNG 图像：该格式可以替代 GIF 图像和 TIF 图像格式，可以携带平滑的透明背景，这是其最大的优势。PNG 图像最高可以支持 48 位真彩色图像，有着高品质的图像质量和平滑的透明边缘，同时又具有体积小的特点。

8.6.2 图像风格

根据网页的主题和风格定位的不同，网页图像的选择应有所不同。常见的网页图像具有以下风格。

1. 图标风格

图标在网页中使用非常普遍，在搜索引擎输入“图标”，就会有无数图标出现，而且分类明确，如图 8-60 所示。图 8-61 所示的 CGVA 网站则使用了大量小图标，在主页的底部使用了 11 个形态各异的图标，单击任何一个图标都会对应着相关图像。

图 8-60 图标按钮

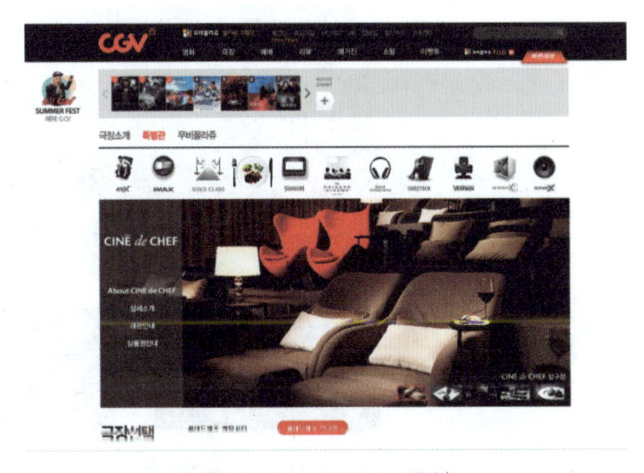

图 8-61 CGVA 网站

2. 写实风格

写实风格的图像在网页设计中经常被使用，即将采用的图像经过图像处理软件的艺术加工处理，保证图像能直观、真实地反映客观情况，如图 8-62 所示。

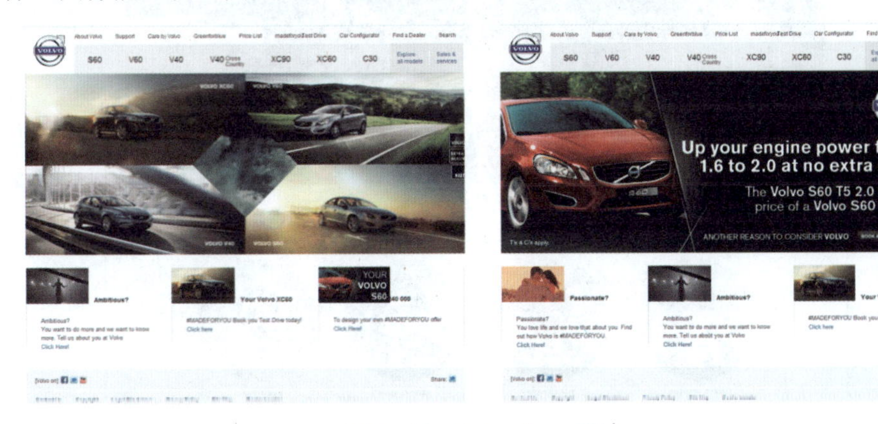

图 8-62 Volvo Cars 网站

图片大小有时也是网页美观的决定因素，目前较为流行扁平化的大图片，如图 8-63～图 8-66 所示，这种设计让网页看起来大气、简洁、上档次，是现在较为热门的一种设计方式。但是流行并不是全部，也有一些小图片组合、大小不一组合，甚至分割组合，只要美观，任何方式都值得提倡。

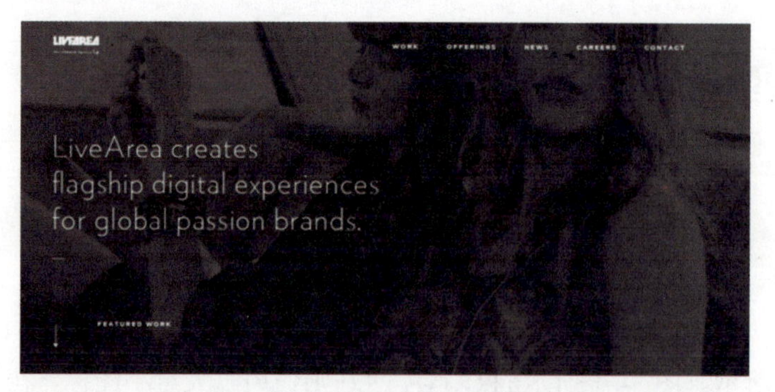

图 8-63　大图片式网站首页

图 8-64　组合图片式网站首页

图 8-65　拼接式网站首页

图 8-66　展览式网站首页

3. 手绘风格

照片形式的图片是否有些太普通了呢？爱好手绘的朋友，不妨设计一款与众不同的风格，自己画一幅手绘风格的页面比单纯的图片堆积更吸引人，如图 8-67～图 8-69 所示。

图 8-67 铅笔风格手绘

图 8-68 色彩感觉手绘

图 8-69 粉笔风格手绘

4. 矢量、卡通风格

矢量、卡通这种风格的网页图像色彩鲜艳，对比效果强烈，装饰性很强。如图 8-70 所示的卡通风格的网站，整个页面色彩鲜艳，高明度、高纯度的色彩使人联想到儿童的世界是一个活泼、轻松的世界。

图 8-70　Stephane Guillot 网站

有时也会把一些显眼的颜色放在一起，再加上漫画风格的叠加，有趣的网页就这样产生了，如图 8-71、图 8-72 所示。

图 8-71　颜色鲜艳组合的网站

图 8-72　漫画形式的网站

5. 抽象风格

抽象是从众多的事物中抽取出共同的、本质性的特征，而舍弃其非本质的特征。在网页设计中抽象风格主要是针对抽象图形与抽象图像而言的。通常情况下，抽象图形造型简洁、色彩明快；抽象图像则能激发欣赏者的想象力，给人一种独特的视觉感受，如图 8-73 所示。

图 8-73　Digitalinvaders 网站

简单也是美，如图 8-74 所示，这样简单的色块组合也是独特的，而且每个色块的大小都均等。可贵的是，即便这样反常规的设计，却也让人拍手叫绝，可见设计者深谙设计之道。

图 8-74　色块组合的网站首页

6. 图案、背景图像

在网页设计中，往往会采用一些具有肌理效果、花边或具有装饰性的图案，它们主要起到装饰的作用。背景图像往往采用一些色彩或图案相对于前景图像较弱的图像，从而达到衬托的作用。背景图像可以是单色的，也可以是四色的，其目的都是衬托主体、渲染画面气氛，如图 8-75 所示的 orlan romano 网站，背景画布的纹理清楚可见，仔细观察它实际是一幅写实的玫瑰油画，经过对光线的处理后，作为背景图像恰到好处。

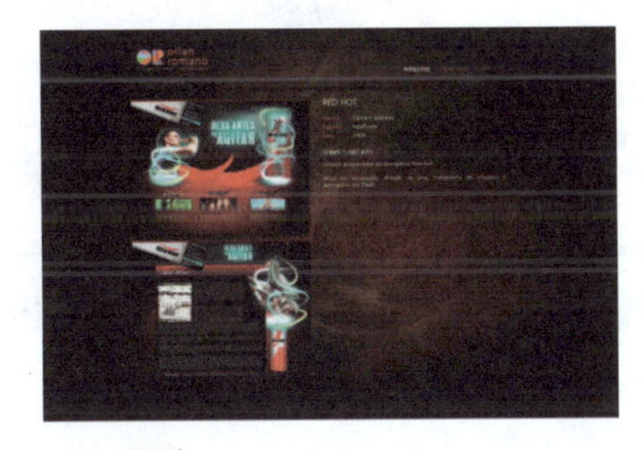

图 8-75　orlan romano 网站

8.7　多媒体

目前越来越多的企业和个人开始建立自己的网站，对网站的要求也越来越高，因为网站不仅能够传达信息，还担当了宣传企业或个人形象的重要任务。随着多媒体技术的日趋成熟，网页设计中也渐渐融入了多媒体技术。图片、动画、视频、声频等都是多媒体的常见应用。

如图 8-76 所示，通过图片的不断变换，鼠标指针指到的图片就会改变，以此增加浏览者进入网页的乐趣。

图 8-76　滑动式多媒体页面

如图 8-77 所示的游戏界面，看起来平凡无奇，实则打开之后游戏柄可与用户进行人机交互，使用户视野并不仅仅局限于一个单纯的页面中，这种多媒体应用的设定就较为高级了。

图 8–77　交互式多媒体页面

如图 8-78 所示的主页采用了动画风格来表现主题，不仅使用了手绘风格的动画，而且其中的植物动了起来，表现出一种勃勃生机的生命状态。

图 8–78　动态式多媒体页面

当然多媒体中很重要的是视频，不仅是电视节目，很多视频网站、企业宣传网站、个人作品网站也都喜欢把自己的作品放到网站上，简单明了地把主旨呈现给浏览者，如图 8-79 所示。

图 8–79　视频式多媒体页面

说起网页中的音频文件，大抵人们脑中第一个想到的就是淘宝卖家的页面，大多数淘宝卖家会放上一些音频文件，让买家在浏览的时候能有个愉快舒适的心情，这可能会让买家多买一些商品，这也是个不错的营销方式，如图 8-80 所示。

图 8-80　音乐式多媒体页面

8.8　导航栏的位置

导航栏应该是网页中极其重要的一部分，每个浏览者浏览网页一定是有所需的，因此导航栏能够很好地帮助浏览者找到所需的信息。好的导航栏就像一个好的导游，告诉用户网站是做什么的、内容分类有哪些、在哪里可以找到哪些信息。

8.8.1　导航栏布局形式

导航栏是网站风格的重要组成部分。一个好的导航栏可以在确定网页风格的同时使页面层次清晰。因此，导航栏的设计也是设计师们需要重点考虑的问题。下面主要介绍目前互联网上最为流行的导航栏布局方式。

1. 水平导航栏

水平导航栏即以水平方式排列导航项。虽然大部分网站以水平导航为主，但其导航在色彩搭配、字体设置等选择上都有自己的特色，如图 8-81 所示的 Ahmaibao 网站，导航栏字体颜色与 LOGO 颜色统一，导航菜单按钮的悬浮效果的底色与背景色一致，保证了整个页面的统一与协调。图 8-82 所示的 Aekyung 网站，则是为导航栏菜单进行简短的补充说明，即在大的菜单标题里再加上几个能够凸显出该页面重要信息的关键词来吸引访客，让访客一目了然。这种导航菜单也称作“对话式”导航菜单。而如图 8-83 所示的 Pelada 网站的导航菜单则放置于底部，同样达到了吸引访客的效果。

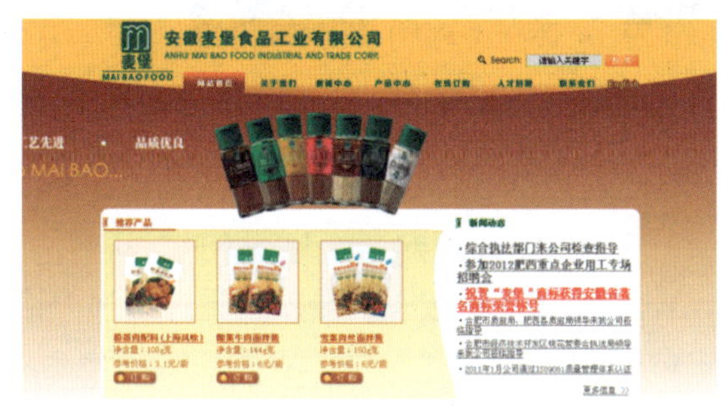

图 8-81　Ahmaibao 网站

图 8-82　Aekyung 网站

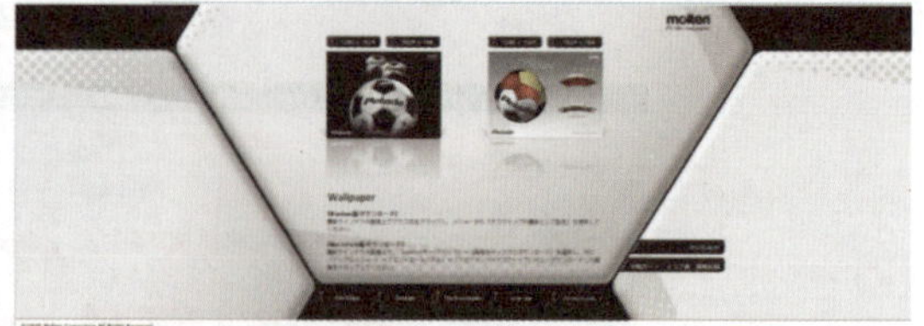

图 8-83　Pelada 网站

2. 垂直导航栏

垂直导航栏即以垂直（倾斜）方式排列导航项。虽然传统的桌面应用几乎都不使用垂直制表符，但其同样能够创造出漂亮的、吸引浏览者的效果。如图 8-84 所示的 Wipe The World's Ass 网站，利用打开的卷手纸设计的垂直导航栏，虽然简单但同样会给访客留下深刻印象。图 8-85 所示的 Kazu Style 网站其导航栏则采用折叠并展开的正方形纸张为导航菜单添加了一个准确的图标，提高了识别度。

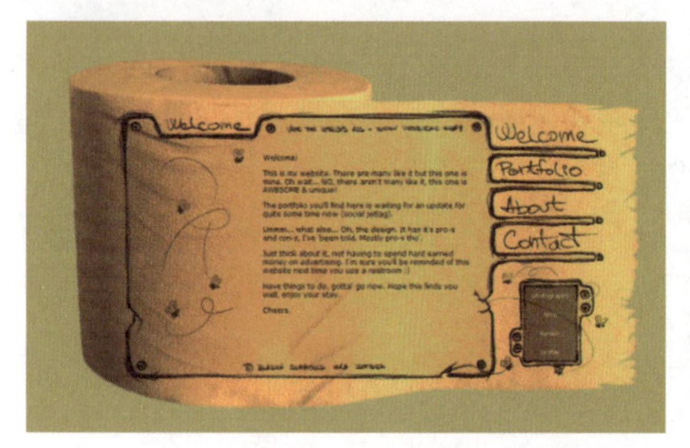

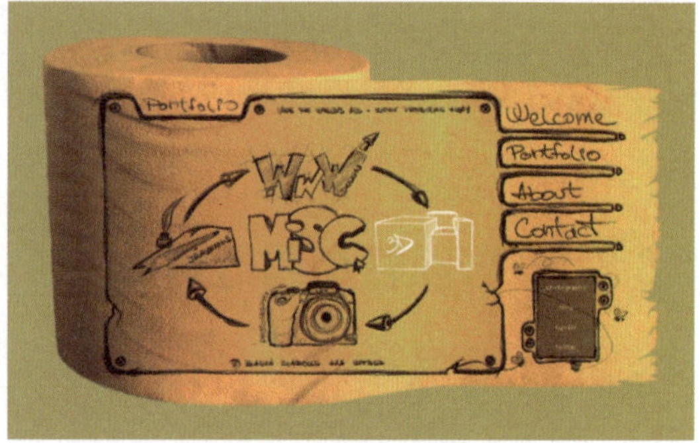

图 8-84　Wipe The World's Ass 网站

图 8-85　Kazu Style 网站

3. POP 导航栏

POP 导航栏以体现网站的个性为主，不拘一格，重点在于表现网站的与众不同，从而达到吸引浏览者的目的。如图 8-86 所示的 B_CUBE 网站，从主页到链接页的导航栏设计不拘一格，利用明亮的绿色作为背景色，使画面充满活力、生命力。

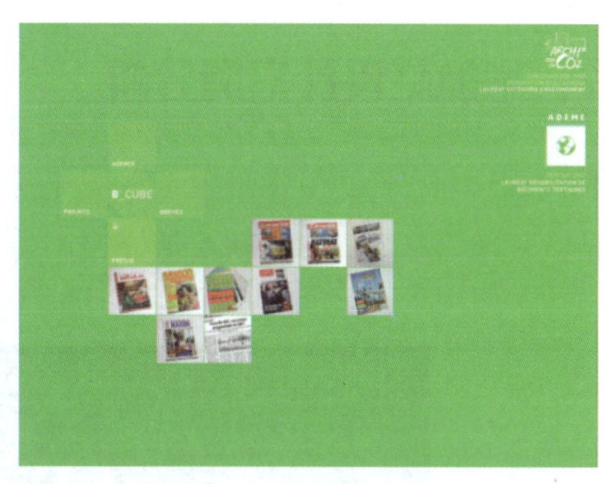

图 8-86 B_CUBE 网站

4. 隐藏式导航栏

当前网页设计的又一流行趋势是隐藏式导航栏菜单。相比于传统的导航栏，隐藏式导航栏菜单在设计和用户体验上有其独到之处。隐藏的导航栏是一个理想解决网页导航栏菜单的方案，它的一大特点是让用户将注意力从复杂的导航转移到内容上。而在用色方面，大多以白色为主，白色的明度最高，具有安静的特点，在色彩运用中可以表达高贵、严谨、严肃等特点。同时白色是百搭色，和其他多种颜色搭配都可以有良好的视觉效果，因此在导航栏菜单的色彩设计中，白色的运用最广泛。如图 8-87 所示，在此网页中，文字与帅气的图片背景融为一体，底部动态的箭头指引用户向下浏览，常驻右上角的隐藏式导航栏菜单符号借助黑白强对比彰显存在感，不影响视觉，也不会从你视野中消失，当鼠标指针移上去的时候，黑底会变成红色，设计别具一格。

图 8-87 隐藏式导航栏菜单设计（1）

如图 8-88 所示的网页中，细腻而对称的图片背景让网页拥有着别样的美感，如果加上导航栏就会破坏这样的美感，打破构图，所以设计师将隐藏式导航栏菜单的符号放在左上角，符合习惯，安静自然。

图 8-88 隐藏式导航栏菜单设计（2）

8.8.2 导航栏设计案例分析

1. 简单设计

并不是所有的信息堆积在一起才是好的，适当给导航栏“减肥”，信息分类获取，对用户者才是适用的，如图 8-89 所示。

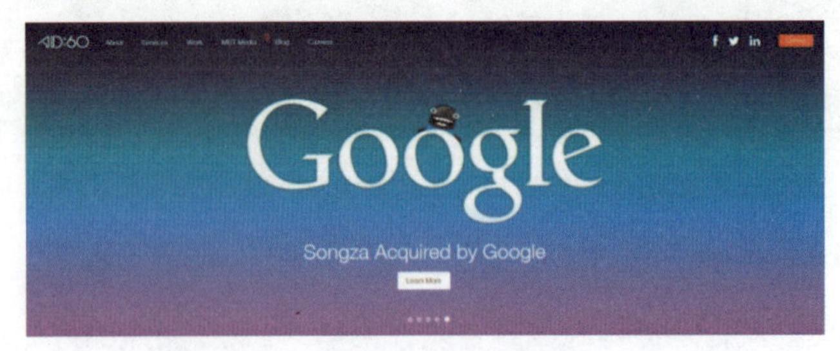

图 8-89 简单设计

2. 保持链接

如果想把每个细节都做好，不如把导航栏与下面衔接的内容很好地融合在一起，巧妙地使色彩相配合，也能让网页生动起来，如图 8-90、图 8-91 所示。

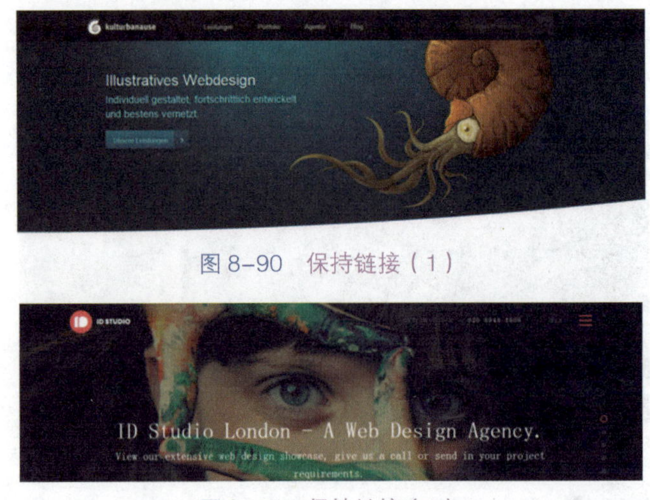

图 8-90 保持链接（1）

图 8-91 保持链接（2）

3. 趣味性

如果认为导航栏只能枯燥无味，那就错了，导航栏也可以做得有趣好玩，即便单独拿出来看，也是很好的作品。如图 8-92～图 8-94 所示，单是导航栏就很有趣，不难想到下面的内容有多吸引人。

图 8-92 动漫风格导航栏

图 8–93　漫画风格导航栏

图 8–94　手绘风格导航栏

8.9　网页中的交互式表单

不管在网页中还是导航栏中，交互式的表单有时都是网页中寻找信息的有效途径。但那种老旧式的表单已经被淘汰了，取而代之的是各种形式的各种表现类的表单，有些网站把枯燥无味的表单做得特别而又耐人寻味，有很好的参考价值。

（1）如图 8-95、图 8-96 所示的表单就是上存与下拉的单个表单，虽然只是一个，但它很好地把布局的美观性与实用性结合在一起，简洁而明确。

图 8–95　上存页面

图 8–96　下拉页面

（2）如图 8-97、图 8-98 所示的表单虽说与早年的表单有些相似，但巧妙的是它很好地运

用了色彩，色块之间的相互冲突与交错，使页面层次丰富而好看。

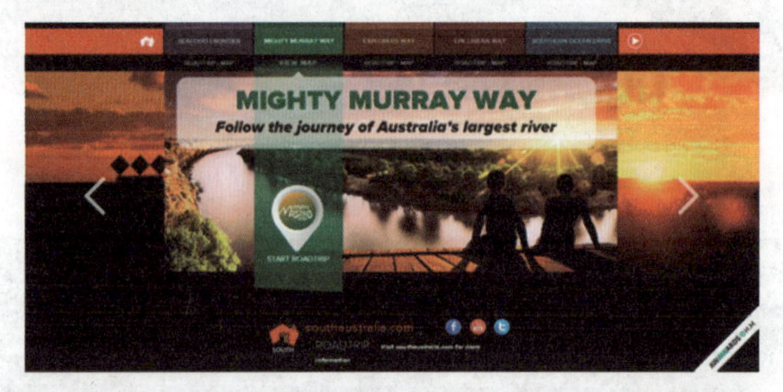

图 8-97　网站中的其中一个表单

图 8-98　网站中的另一个表单

（3）如图 8-99、图 8-100 所示的就是简单大气的代名词了，冷静的处理与分明的色块，不仅让浏览者有视觉冲击，而且信息明确而不杂乱，这也是交互式表单的另一种不错的方向。

图 8-99　网站中的主表单

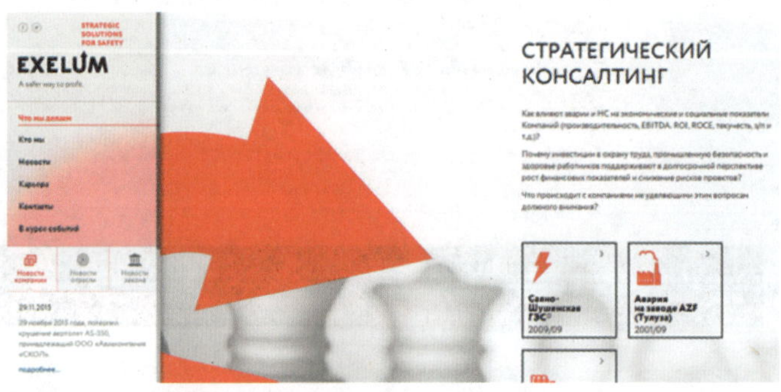

图 8-100　网站中的其中一个表单

网页布局的方法

怎样才能把网站建设好呢？首先，在制作网站前要对所制作的网站有一个整体的构造，包括文字的排版、色彩设计、图片的规划、表格的布局等。其次，就是要对每个页面合理编排和布局，也就是这里所说的版面布局。版面结构是指一种能够让浏览者清楚、容易地理解作品传达的信息的东西，一种将不同介质上的不同元素巧妙地排列的方式。再次，就是要正确看待建设网站的内容，不能把所有的网站都以一种固定样式进行制作，而是要根据具体的内容来安排所制作的网页版面格式。

所谓网页布局，是指将网站的一个页面看成报纸、杂志或者说是某个门面进行布局、整理和排版。虽然今天的网站布局是千变万化的，但依然有规律可循，所以传统的网页版面设计基础依然是必须学习和掌握的。

9.1　基础布局

网页布局的方法有两种：第一种为纸上布局法；第二种为软件布局法。下面分别加以介绍。

9.1.1　纸上布局法

尽管现在多数设计师喜欢直接用计算机进行操作，因为简便直接，但仍然有许多设计者保留在纸上涂画的习惯，所以，网页的基础布局方法其中很重要的一点就是纸上布局法，这种方法能带给作者更多的灵感，并且便于修改。

先在白纸上画出象征浏览器窗口的矩形，这个矩形就是你布局的范围了，如图 9-1～图 9-3 所示。选择一个形状作为整个页面的主题造型，或者增加一些圆形或者其他形状。这样画下来，你会发现很乱。其实，如果你一开始就想设计出一个完美的布局是比较困难的，而你要在这看似很乱的图形中找出隐藏在其中的特别的造型。还要注意一点，不要担心设计的布局是否能够实现。事实上，只要能想到的布局都能靠现今的技术实现。

图 9-1　步骤（1）

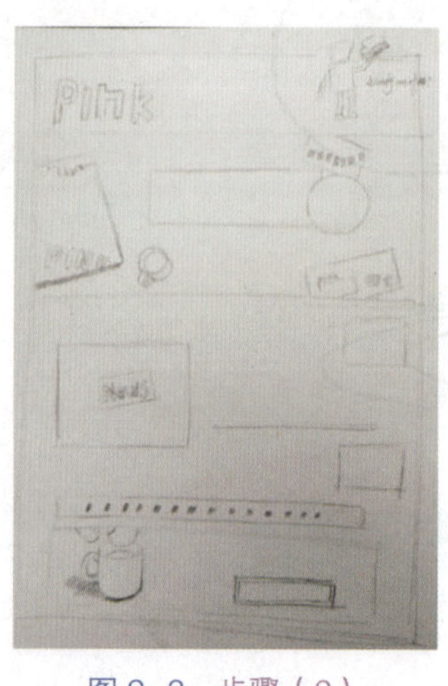
图 9-2　步骤（2）

图 9-3　步骤（3）

其次，增加页头，增加文本，增加图片，增加页脚，增加一些辅助多媒体工具，但并不是把一个页面完完整整地都画下来，只需要思考出大体的概括与需要增加的东西，做到心中有数即可，具体的还是要通过计算机工具来实现，如图 9-4、图 9-5 所示。

图 9-4　步骤（4）

图 9-5　步骤（5）

经过以上的几个步骤，一个页面的大概布局就出现了。当然，它不是最后的结果，而是你后面制作时的重要参考依据。

9.1.2　软件布局法

如果你不喜欢用纸来画出你的布局意图，那么你还可以利用软件来完成这些工作。这个软件就是 Photoshop。Photoshop 所具有的对图像的编辑功能用到设计网页布局上更是得心应手。利用 Photoshop 可以方便地使用颜色、绘制图形，并且可以利用层的功能设计出用纸张无法实现的布局意念，如图 9-6～图 9-8 所示。

图9-6 步骤（1）

图9-7 步骤（2）

图9-8 步骤（3）

软件布局法要求设计者对创意的掌控力更强一些，有较强的空间想象力。

9.2 艺术化布局

随着科技的发展，人们对美的需求越来越高，对浏览者来说也并不满足于单一的浏览形式，设计者也对自己的页面有更高的设计要求。由此，艺术化的布局方法渐渐被更多的设计者吸收采纳，为当今的网页设计增添更多的色彩。

9.2.1 分割布局法

分割布局就是在一个页面中通过线或者面的分割，把一个完整的网页分成不同尺寸或不同的几个部分，每个部分负责一个内容。这样做的原因是设计者希望不因过大的信息量而导致页面杂乱，贴心的设计，同时也兼具美观。

如图9-9～图9-11所示的这几个页面运用大小不一的色块拼成一个网页，但色块之间模糊的色调与巧妙和谐的视觉冲突不仅增添了页面的时尚感，而且能有效防止浏览者浏览页面时产生疲惫感。

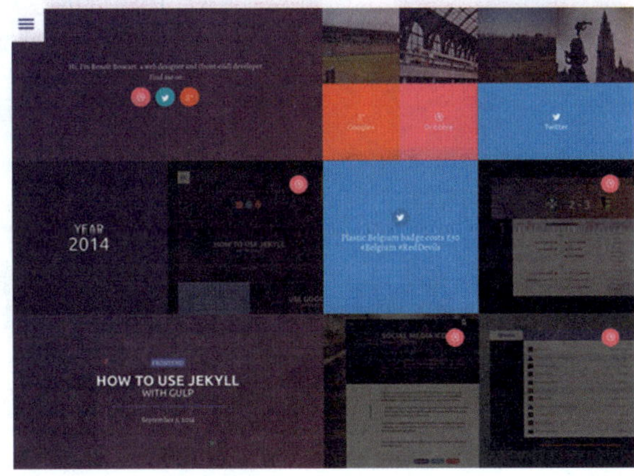

图9-9 块面分割

图 9-10　斜向分割

图 9-11　层次分割

但分割也不是只用方块分割，斜线、叠加等都是分割的很好的方式，把页面分为不同的层次，看似凌乱实则有井然的秩序在其中，值得思考。

9.2.2　对称布局法

对称布局，顾名思义，就是在页面中两边的分量相等，不偏向任何一方，不偏不倚刚刚好。

如图 9-12～图 9-14 所示的页面就采用了典型的对称布局法，以牛仔为界限，妙趣横生而又简单明了的对称分割了两个不同的功能界面，更增强了浏览者对此页面的印象与好感度。

图 9-12　中线对称

也不是只有从中间分割才是对称，以人物或色彩为分界线，把画面平均分开，既增加了画面的稳重感，又使画面刚强有力。

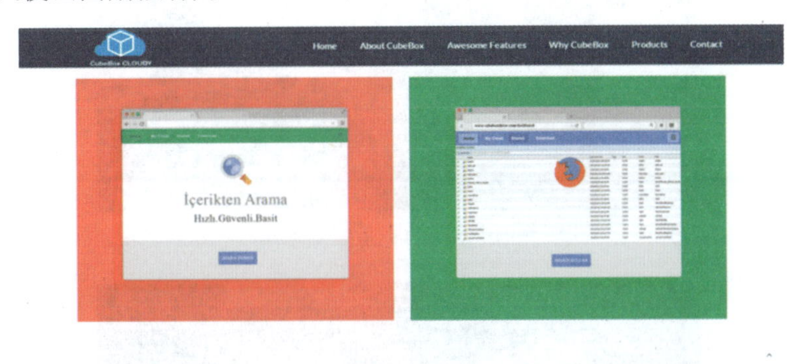

图 9-13　部分对称

图 9-14　两边对称

9.2.3　平衡布局法

众所周知，在绘画中，若在画面的右方画上了一个大物体，那么左方一定要画上几个与大物体同等分量的小物体加以平衡。就像跷跷板一样，两边的重量相同，才会平衡不倾斜。同样在网页设计中也是如此，平衡的页面才能让浏览者的眼睛轻松，心里舒服。

如图 9-15～图 9-17 所示的 3 个页面很好运用了平衡布局的方法，文字与图片各占网页的两面，为了不使有图片的一面失衡，设计者很好地加粗加大了文字，使文字与图片达到均衡的分量，两种形式各不相同却并不感到冲突与倾斜，相反达到一种和谐与统一，这就是平衡的魅力。

图 9-15　文字与图片平衡

图 9-16　图片与图片平衡

图 9-17　内容与内容平衡

平衡并不等于平均，平衡只是让界面不至于倾斜，页面上某个物体过大，另一边就需要同等分量的小物体压制一下，稳定的构成才是和谐的关键。

9.3　布局的原则

尽管现在的网页布局崇尚多元化、趣味化与时尚化，但并不代表没有一定的基础原则，缺少基础原则的网页就会显得杂乱无章，主体性不明确。因此，熟知网页布局的基础原则就显得尤为重要。

9.3.1　重复与交错

重复是网页上某一元素重复利用，但并不是随便地重复。如图 9-18 所示的页面只是后面的背景重复利用，造成与球赛一样的草地背景，使浏览者产生一种带入感，更增添了真实性。

图 9-18　重复

交错是网页中元素相交叉，可以重复交叉。如图 9-19 所示，其设计元素其实并没有太多，而是将有限的元素充分利用，但这并没有造成网页的杂乱无章，相反合理的使用不仅使枯燥的网站主题变得灵巧，还增添了趣味性和吸引力。

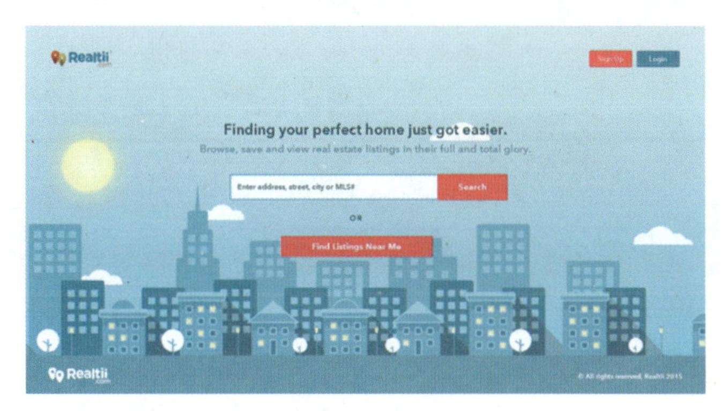

图 9-19　交错

9.3.2　节奏与韵律

曲谱有音符的上下跳跃，拍子有缓急节奏，这些音乐上的专业知识也适用于网页设计，轻重缓急的节拍大小使得网页布局流畅，也更加充满韵味。如图 9-20 和图 9-21 所示，一个是用屏幕大小来表现节奏，一个是用人物的排列组合来表现韵律，整齐但不刻板，错落而不杂乱。

图 9-20　用屏幕大小来表现节奏

图 9-21　用人物的排列组合来表现韵律

9.3.3　对称与均衡

有时并不一定是相同大小、相同形状的部分才能达到对称与均衡，图片与字体也可以做到，如图 9-22 所示，其中文字与图片的分量就等同，虽是不一样的形式，却是相等的分量。

图 9–22　分量等同

稳定的三角式也能达到良好的均衡感，我们都知道三角形是最稳定的图形，设计者更是深谙此道。如图 9-23 所示，在一个全黑的页面上，除文字之外只有一个三角形，即便如此，这个画面也不单调，而且相当稳定与和谐，这说明页面设计不一定要很复杂，简简单单也可以说明问题。

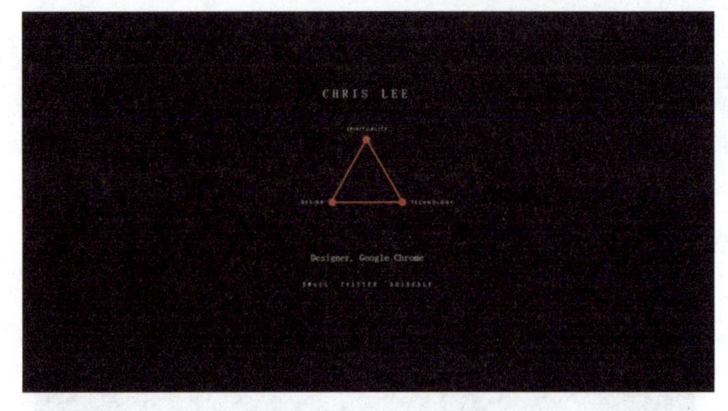

图 9–23　均衡感

图形与图形是最简单的对称均衡方式，如图 9-24 所示，两面的火车都是均等的，甚至底下的图标分量也相同，但这个页面会显得枯燥吗？并不是，除了颜色丰富多彩之外，页面上还会有云彩掉下来，造成一种动态的形式，这就使页面丰富有趣多了。

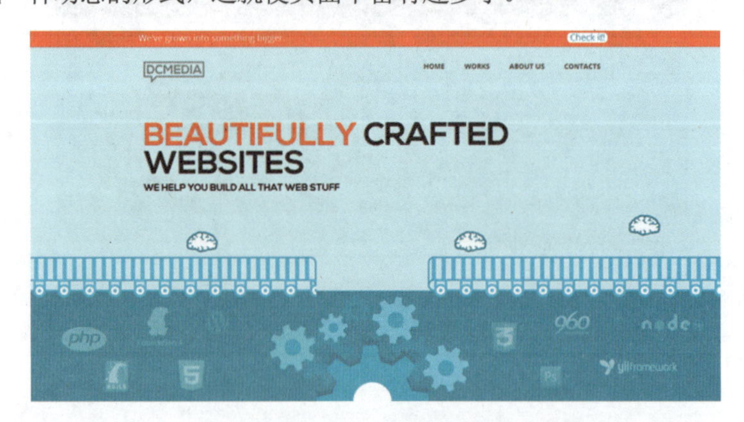

图 9–24　对称均衡式

9.3.4 对比与调和

通常所说的对比与调和是不可兼容的两个名词，但在网页设计里，对比与调和可以达到微妙的平衡，带给浏览者美的视觉感受。图 9-25、图 9-26 就是这样，图 9-25 运用了对比色，但并不令人感觉刺眼，因为用的面积不同，并且加入了白色来中和，使页面绚烂而不刺眼。图 9-26 就很明确地区分了次重点，次要的背景运用颜色相近的色块来体现丰富的层次感，主要的内容用黑色体现出来，黑底白字格外明显。

图 9–25　对比色

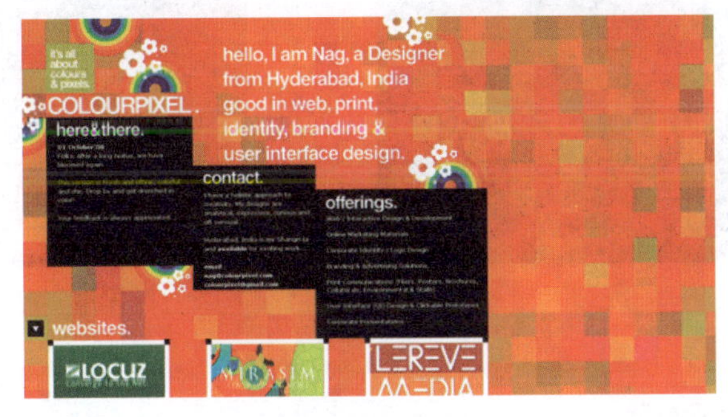

图 9–26　层次感

9.3.5 比例与适度

相同色块的大红配大绿会让人觉得俗不可耐，但只要稍微改变一下色相与色块大小，就能达到一种共生的和谐。不仅仅是红绿相配，在网页设计里元素大小的比例（图 9-27）、色块冲突的对比（图 9-28），也能使页面达到和谐的效果。

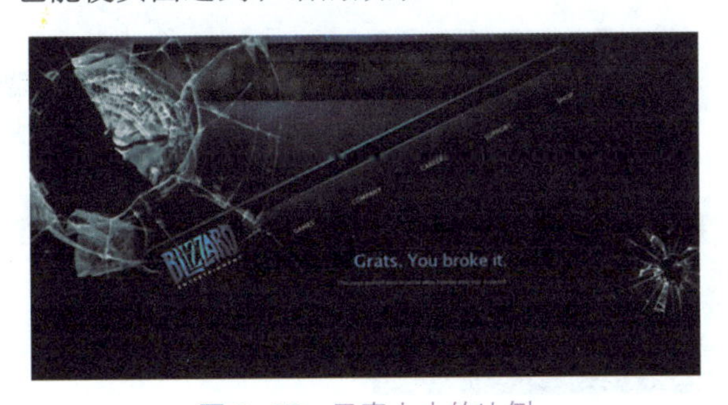

图 9–27　元素大小的比例

图 9-28　色块冲突的对比

9.3.6　变异与秩序

网页设计中色彩的变化是吸引浏览者驻足的重要因素，同时也通过色彩之间的变化与层次的递进反映网站的主题与表达诉求。如图 9-29 所示的页面采用了颜色的渐变，如霓虹灯的闪烁，在黑夜里形成一种鬼魅，加上猫的眼睛，更增添了一种神秘感。而图 9-30 就比较直接，像是泼墨一般在红色的背景上泼上绿色的颜料，奔放而显眼。

图 9-29　颜色的渐变

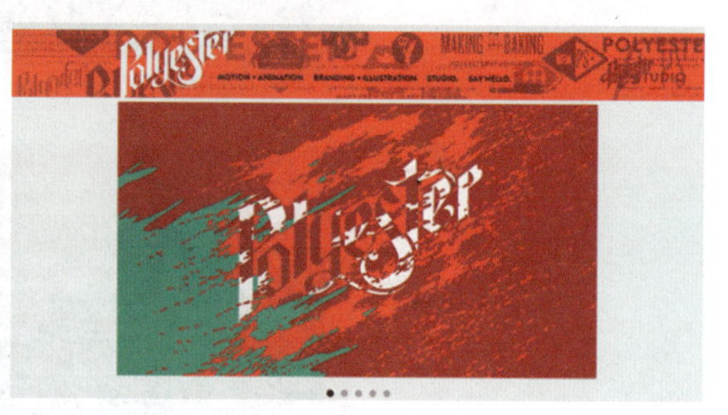

图 9-30　泼墨式

9.3.7　虚实与留白

图 9-31、图 9-32 所示的两个网站页面，很好地诠释了虚实与留白这两个名词，有时并不需要我们的页面上呈现太满的东西，相反留出一些空间、与背后的元素拉开距离，更能凸显主题，吸引眼球。图 9-31 这种手法仿佛就是使人在远处观赏这个遥远的小岛，给人以悠远凝神之感。图 9-32 就是虚实递进，层次丰富，但其中还要用细线相连，说明虽是散开的布局，却是紧紧相连的整体。

图 9-31　留白

图 9-32　虚实

9.3.8 变化与统一

图 9-33 和图 9-34 所示的两个网页虽然都有不同的变化，但始终统一在一个色调与形状内，与整体达到统一的效果，这种设计不仅没有打破页面的主题，还有很多的趣味因素藏在其中。

图 9-33 中的人物好像要冲破黄色的页面一样，但仔细观察其实还是统一在黄色的色调当中的。图 9-34 更是如此，每个字母都有不同的变化，但无论怎么变也都还是原本的字母，没有变成其他字母，两个页面都是这样，在统一当中寻求变化，却不打破这种统一。

图 9-33　破碎式统一

图 9-34　均匀式统一

除了上述的 8 个原则之外，其实在网页设计中，功能与形式、兼容与响应也很重要，但形式要为功能服务，不能考虑到美观就把布局搞得一塌糊涂。虽说浏览者在欣赏网页时，美观对印象的作用较为重要，但实际浏览者重视的是网页中的内容，所以只有功能与形式完美结合，才算一个好的网页设计。同时，当在设计一个网页时，要考虑到能否与所有的浏览器兼容，因为设计者并不确定浏览者使用的是哪种浏览器，所以制作网页时能达到所有浏览器都能够兼容与响应也很重要。

网页布局的技巧

10.1　网页中的平面构成

页面设计也同样需要平面构成。网页设计风格多种多样，除去一些场景化设计和素材支持之外，大部分工作还依赖于平面构成和排版。

网页独特的信息传播方式和交互特性使网页设计者在平面构成的创意上受到限制和挑战，它与纯艺术的平面构成理论存在差异，故称之为“网页平面构成”。这一概念包含了页面风格、内涵、构图、造型设计等诸多方面。

10.1.1　网页中点、线、面的运用

点构成线，线构成面，这是平面构成中的基本要素，也是所有平面设计的基本要素。那么将这些基础中的基础运用在网页设计中，又是怎样的效果呢？点、线、面并不是指单纯的一个点、一根线、一个平面。我们要善于利用文字和图形的排布，为自己的网页增添效果。网页中的每一个文字、每一个点、每一个图形都是这个网页的组成元件，文字可组成图形，图形也可组成文字。

1. 点

点构成多用于细碎东西，整合排布和文字排版。集中而规律的排列，从整体上抓住人们的视觉，如图 10-1、图 10-2 所示。

图 10–1　按钮就是点

图 10-2　等大的按钮（点）与流畅的曲线相结合

2. 线

线构成多用于装饰与分割，同时也会有连贯的功能。线条对阅读顺序有着一定的引导作用，如图 10-3 所示，用一条主线分割画面，线条经过的地方有相应的内容呼应。画面因为这条线而变得生动有趣，也因为它的分割功能，整合规划了不同的内容区域。

图 10-3　线条分割画面

从线的方向感而言，线可分为水平线与垂直线，在网页设计中二者的运用所产生的效果迥然不同。

（1）水平线：黄昏时，水平线和夕阳融合在一起，黎明时，灿烂的朝阳由水平线上升起。水平线给人稳定和平静的感受，无论事物的开始或结束，水平线总是固定地表达静止的时刻。如图 10-4 所示，水平方向的网页有一种稳定的效果。

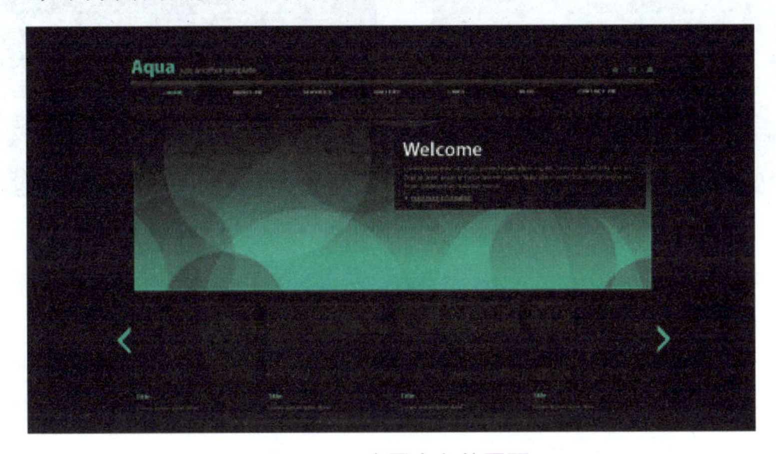

图 10-4　水平方向的网页

（2）垂直线：垂直线的活动感，正好和水平线相反，垂直线表示向上伸展的活动力，具有坚硬和理智的意象，使版面显得冷静又鲜明。如果不合理地强调垂直性，就会变得冷漠僵硬，使人难以接近。如图 10-5 所示，垂直方向的网页有一种挺拔的效果。

将垂直线和水平线做对比的处理，可以使两者的表现更生动，不但使画面产生紧凑感，也能避免冷漠僵硬的情况产生，相互取长补短，使版面更完备。垂直线和水平线交互使用的网页效果如图 10-6 所示。

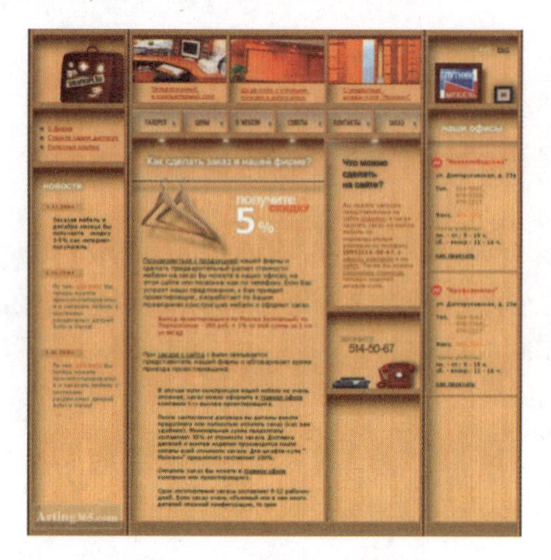

图 10-5　垂直方向的网页

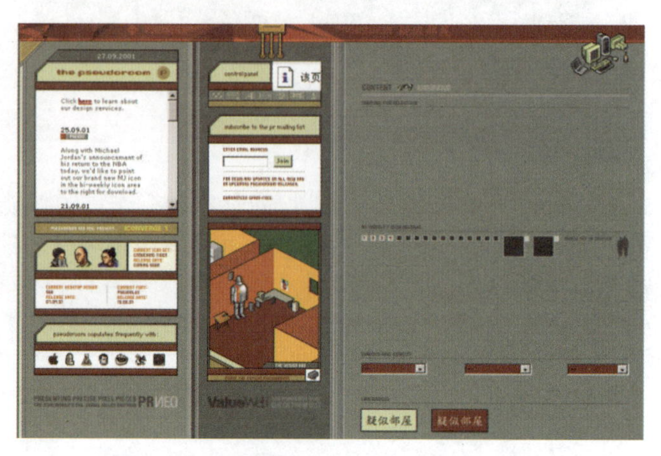

图 10-6　垂直线和水平线交互使用的网页

3. 面

若点与线的构成大多为细节处理，那么面的构成则直接影响着网页整体风格和布局，与线搭配构成空间透视效果。不同面的形状，呈现出的视觉效果也不同。如图 10-7 所示，将点、线、面完全融合在一起；图 10-8 不加任何修饰的自然形态的面同样生动有趣。

图 10-7　点、线、面完全融合在一起

图 10-8　自然形态的面

10.1.2　构成形式在网页设计中的运用

平面设计在网页设计中占有相当大的比重，而平面设计的重要理论基础则是平面构成，所以说，平面构成也是网页设计的重要理论依据和知识基础。

1. 布局要新颖

所谓布局，是指界面的平面分布安排，即将复杂的内容进行条理化、次序化的编辑处理，将其组织成一个结构合理、版块搭配适度的页面。其中新颖的形式感非常重要，要根据不同的内容特点来决定版面的最终形式感。虽不能说牵一发而动全身，但要做到减之一分则少，增之一分则多的版面处理。

（1）JUMP 率。

在版面设计上，必须根据内容来决定标题的大小。标题和正文大小的比率就称为 JUMP 率。JUMP 率越大，版面越活泼；JUMP 率越小，版面格调越高。依照这种尺度来衡量，就很容易判断版面的效果。标题与文本字体大小决定后，还要考虑双方的比例关系，如何进一步来调整，也是相当大的学问。JUMP 率较低与较高的网页对比效果如图 10-9 和图 10-10 所示。

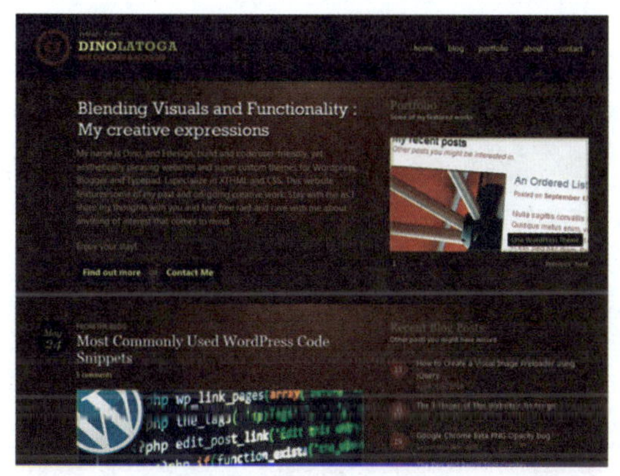

图 10-9　JUMP 率较低

图 10-10　JUMP 率较高

（2）版面率。

在设计用纸上，一个文档所使用的排版面积称为版面，而版面和整页面积的比例称为版面率。空白的多寡对版面的印象，有决定性的影响。如果空白部分较多，就会使格调提高，且稳定版面；空白较少，就会使人产生活泼的感觉。若设计信息量很丰富的杂志版面时，采用较多的空白，显然就不适合。如图 10-11～图 10-14 就是两类不同版面率的网页。

图 10-11　不同版面率的网页（1）

图 10-12　不同版面率的网页（2）

图 10-13　不同版面率的网页（3）

图 10-14　不同版面率的网页（4）

（3）留白量。

速度很快的说话方式适合夜间新闻的播报，但不适合做典礼的司仪，原因是每一句话当中，留白量太少。谈到版面设计时，空白量的问题也很重要，即使同一张照片，同样的句子也会因留白量的大小而影响表现的形象。无论排版的平衡感有多好，文章有多美，读者看到版面的留白量就已给它打好分数了。如图 10-15、图 10-16 所示，都有着不同的留白量，相信给大家的视觉效果决然不同。

图 10-15　具有大量留白区域的网页（1）

图 10-16　具有大量留白区域的网页（2）

“留白”并不特指网页中的白色区域。事实上，网页中凡是没有前景元素干扰的视觉区域都称作“留白”。横向通栏的留白可以让网页拥有一种水平的流动感；纵向的留白可以平衡文字、导航栏等视觉元素在水平方向的作用力；标题区域的大面积留白可以突出公司名称或网页标题信息；正文区域内的大面积留白既可以丰富页面布局的内涵，也可以缓解浏览者在阅读时可能产生的视觉疲劳感。

（4）视觉导线。

依眼睛所视或物体所指的方向，使版面产生导引路线，称为视觉导线。每个网页都是一个神奇的视觉空间。像我们熟悉的四维时空一样，网页空间也有深度、广度和时间流逝的感觉，甚至还会在设计元素引发的“力”的作用下产生运动或扭曲。

每当打开一个新的网页后，人的视线首先会聚集在网页中最引人注意的那一点上——通常称其为视觉焦点。随后，我们的视觉会受到视觉焦点周边设计元素的形状和分布方式的影响，并在不知不觉中把视线转移到另一个值得停留的地方（例如，一段醒目的线条、一种色彩到其近似色的渐变，它们都会让我们的视线按照设计师预先安排的轨迹移动）。如此继续下去，视线经过的所有关注点可以连接成一条完整的视觉路径。

设计家在制作构图时，常利用导线达到整体画面更引人注目的目的。也就是人们常说的“视觉流程”。如图 10-17～图 10-20 所示，大家可以试着找到合理的视觉流程。

图 10-17　由左上开始的视觉流程

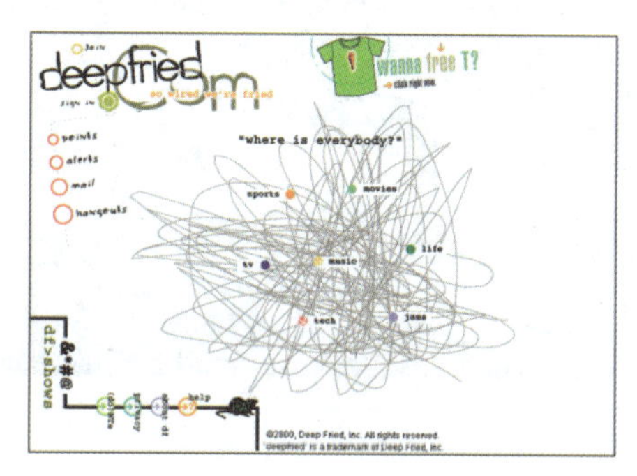

图 10-18　由左下开始的视觉流程

图 10-19　由中心发散的视觉流程

图 10-20　由上至下的视觉流程

（5）形态的意象。

一般的编排形式，皆以四角形（角版）为标准形，其他的各种形式都属于变形。角版的四角皆成直角，给人很规律、表情少的感觉，其他的变形则呈现形形色色的表情。三角形的编排方式有锐利、鲜明感；近于圆形的编排方式，有温和、柔弱之感。

相同的曲线，也有不同的表情，如规规矩矩和用仪器画出来的圆，有硬质感；徒手画出来的圆就有柔和的圆形曲线之美。标准型网页、曲线形网页、有手工绘制痕迹的网页对比效果如图 10-21～图 10-24 所示。

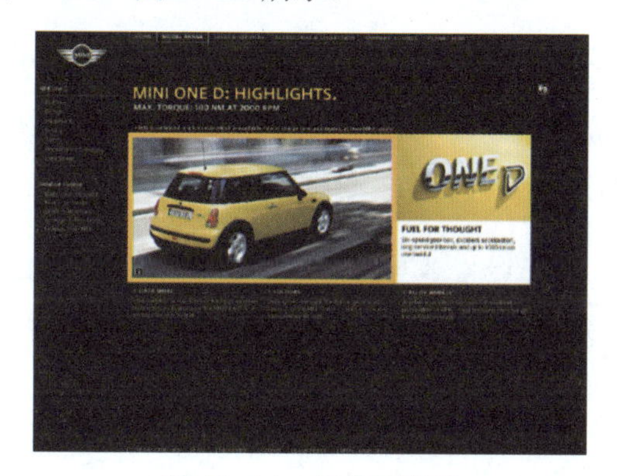

图 10-21　标准型网页

图 10-22　曲线形网页

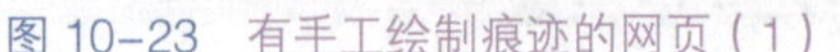
图 10-23　有手工绘制痕迹的网页（1）

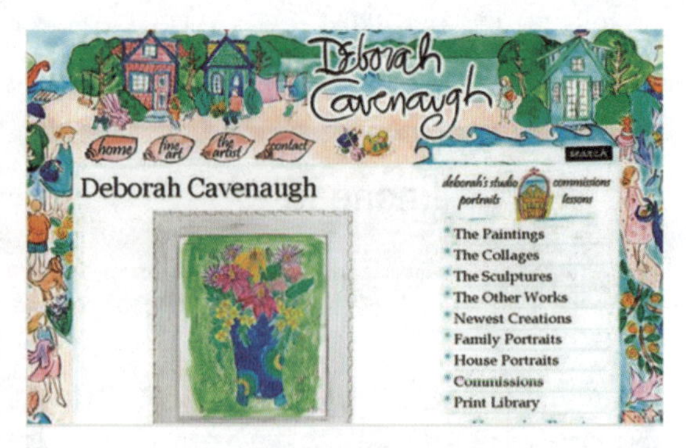

图 10-24　有手工绘制痕迹的网页（2）

（6）阳昼、阴昼。

从黑暗的洞窟内看外面明亮景象时，洞窟内的人物总是只用轮廓表现，而外面的景色就需小心描画了。正逆光所形成的形象剪影会显出不可思议的空间效果。

正常的明暗状态叫作“阳昼”，相反的情况是“阴昼”。构成版面时，使用这种阳昼和阴昼的明暗关系，可以描画出日常感觉不同的新意象。阳昼式的网页形象和阴昼式的网页形象对比效果如图 10-25 和图 10-26 所示。

图 10-25　阳昼式的网页

图 10-26　阴昼式的网页

2. 对比

加强页面的对比因素是吸引人们关注的有效手段，页面上的各种文字、图片在设计时就应构思好相互之间的对比关系。要大小参差变化，疏密衬托有致，轻重感觉均衡，明暗对比适度，设计上别具一格。这些因素对网页设计的成功与失败起着至关重要的作用。

（1）小的对比。

大小关系为造型要素中最受重视的一项，几乎可以决定意象与调和的关系。大小的差别小，给人的感觉较沉着温和；大小的差别大，给人的感觉较鲜明，而且具有强力感（图 10-27）。

（2）明暗的对比。

阴与阳、正与反、昼与夜等，如此类的对比语句，可使人感觉到日常生活中的明暗关系。初生的婴儿，最初在视觉上只能分出明暗，而牛、狗等动物虽能简单识别黑白，对纯度或色相却无法轻易识别，由此可知，明暗（黑和白）乃是色感中最基本的要素（图 10-28）。

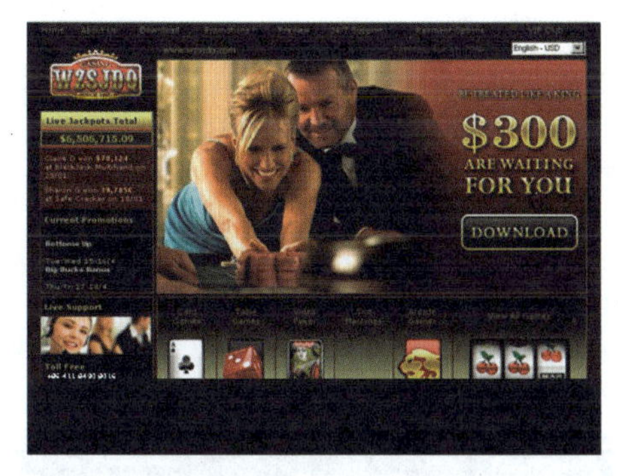

图 10-27　大小的对比

图 10-28　明暗的对比

（3）粗细的对比。

字体愈粗，愈富有男性的气概。若代表时尚与女性，则通常以细字表现。如果细字的分量增多，粗字的分量就应该减少，这样的搭配看起来比较明快。粗字体和细字体的网页设计表现效果如图 10-29 和图 10-30 所示。

图 10-29　粗字体的网页设计表现

图 10-30　细字体的网页设计表现

（4）曲线和直线的对比。

曲线富有柔和感、缓和感；直线则富有坚硬感、锐利感，极具男性气概。自然界中的物体，皆由这两者适当混合。平常人们并不注意这种关系，可是，当曲线或直线强调某形状时，人们便有了深刻的印象，同时也产生相对应的情感。所以人们常常为加深曲线印象，而以一些直线来强调，也可以说，少量的直线会使曲线更引人注目。以曲线性格为主和以直线性格为主的网页设计如图 10-31 和图 10-32 所示。

图 10-31　以曲线为主的网页设计

图 10-32　以直线为主的网页设计

（5）质感的对比。

在一般人的日常生活中，也许很少听到质感这个词，但是在美术方面，质感是很重要的造型要素，如松弛感、平滑感、湿润感等，皆是形容质感的。故质感不仅只表现出情感，而且与这种情感融为一体。

通常画家的作品，常会注意其色彩与图面的构成，其实，质感才是决定作品风格的主要因素，虽然色彩或对象物会改变，可是，作为基础的质感，与一位画家之本质有着密切的关系，是不易变更的。若是外行人就容易疏忽这一点，其实，这才是最重要的基础要素，也是对情感最强烈的影响力。水墨质感、金属质感、厚朴质感、清新质感的对比如图 10-33～图 10-36 所示。

图 10-33　水墨质感

图 10-34　金属质感

图 10-35　厚朴质感

图 10-36　清新质感

（6）位置的对比。

在画面两侧放置某种物体，不但可以强调，同时也可产生对比。画面的上下、左右和对角线上的四隅皆有潜在性的力点，而在此力点处配置照片、大标题或标志、记号等，便可显出隐藏的力量。因此，在潜在的对立关系位置上，放置鲜明的造型要素，可显示出对比关系，并产生具有紧凑感的画面。画面主体在一侧、中心、上方、下方位置的对比构成如图 10-37～图 10-40 所示。

图 10-37　画面主体在一侧

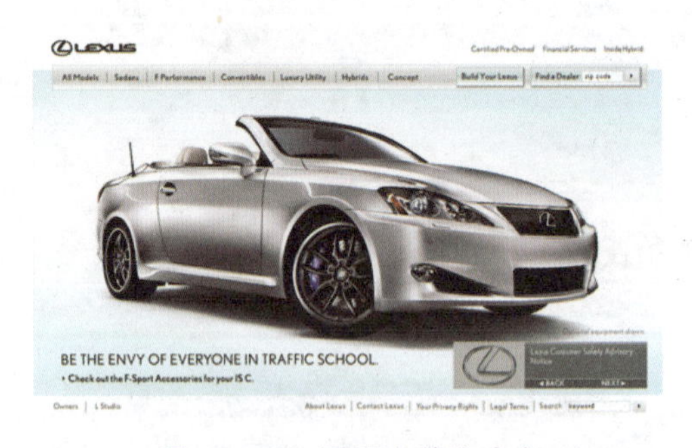

图 10-38　画面主体在中心

图 10-39　画面主体在上方

图 10-40　画面主体在下方

（7）主与从的对比。

版面设计也和舞台设计一样，主角和配角的关系很清楚时，观众的心理会安定下来。明确表示主从的手法是很正统的构成方法，会让人产生安心感。如果两者的关系模糊，会令人无所适从，相反，主角过强就失去动感，变成庸俗画面。

戏剧中的主角，人人一看便知。版面中若也能表现出何者为主角，就会使读者更加了解内容。所以主从关系是设计配置的基本条件。画面（文字）主从分明的网页构成如图 10-41、图 10-42 所示。

图 10-41　画面主从分明（1）

图 10-42　画面主从分明（2）

（8）动与静的对比。

一个故事都有开端、发展、高潮、转变和结果。一座庭院有假山、池水、草木、瀑布等的配合。同样的，在网页设计配置上也有激烈的动态与静态对比。

扩散或流动的形状即为“动”，水平或垂直性的形状则为“静”。把这两者配置于相对之处，而以“动”部分占大面积，“静”部分占小面积，并在周边留出适当的留白以强调其独立性。这样的安排，一般用来配置于画面四隅的重点。因此，“静”部分虽只占小面积，却有很强的存在感。充满动感的页面、静止的页面、动静结合的页面对比效果如图 10-43～图 10-45

所示。

图 10-43　充满动感的页面

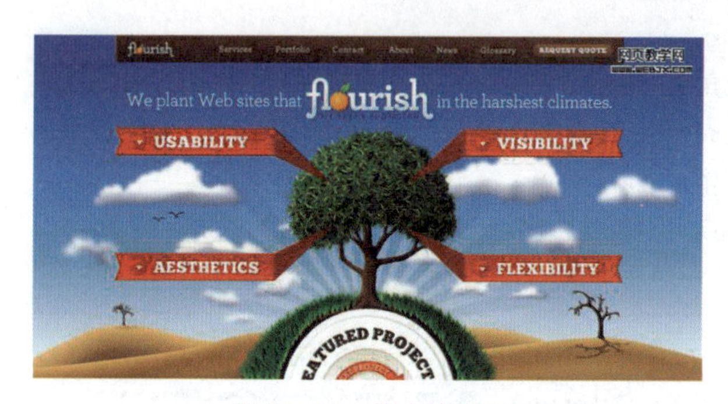

图 10-44　静止的页面

图 10-45　动静结合的页面

（9）多重对比。

对比还有曲线与直线、垂直与水平、锐角与钝角等种种不同的对比。如果再将前述的各种对比和这些要素加以组合搭配，即能制作富有变化的画面。包含多重构成对比的网页如图 10-46、图 10-47 所示。

图 10-46　包含多重对比的网页（1）

图 10-47　包含多重对比的网页（2）

（10）色彩对比。

强烈的色彩对比也会引起人们的视觉停留，这种对比方式一般多用于对立状态或者有着正反义词组的页面，也有时出现在 Q 版卡通页面中，如图 10-48 和图 10-49 所示，对比色色彩鲜艳亮丽，反映出孩子的多彩世界。

图 10-48　色彩对比强烈的网页（1）

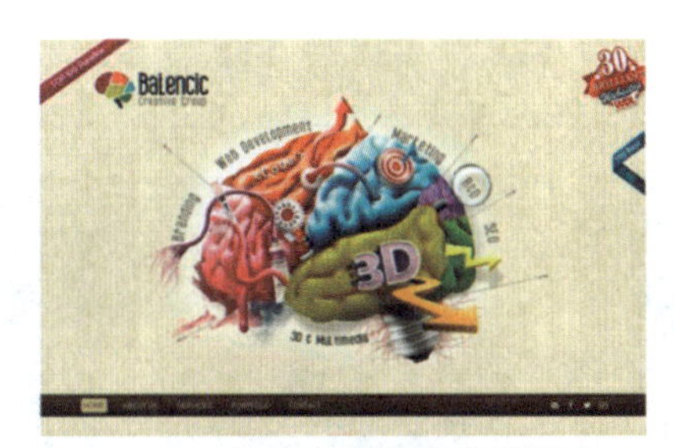
图 10-49　色彩对比强烈的网页（2）

3. 变化又统一

对版面外形的选择应遵守变化统一的设计原则，既不刻意追求外形的变化，使版面分割烦琐凌乱；又不简单划分版面界限，使得页面显得单一刻板。所谓万变不离其宗，反复的比较、精心的安排、整体的权重是设计好网页的基本要求，同时也是网页设计的最终选择。

（1）起与受。

版面全体的空间因为各种力的关系，而产生动态，进而支配空间。产生动态的形状和接受这种动态的另一形状，互相配合着，使空间变化更生动。

建造假山庭园时很注重流水的出口，因为流水的出口是动感的出发点，整个庭园都会因它而被影响。版面的构成原理也一样，起点和受点会彼此呼应、协调。两者的距离愈大，效果愈显著，而且可以利用画面的两端。但要特别注意起点和受点的平衡，必须有适当的强弱变化才好，若有一方太软弱无力就不能引起共鸣。构成中的起与受的呼应如图 10-50 所示。

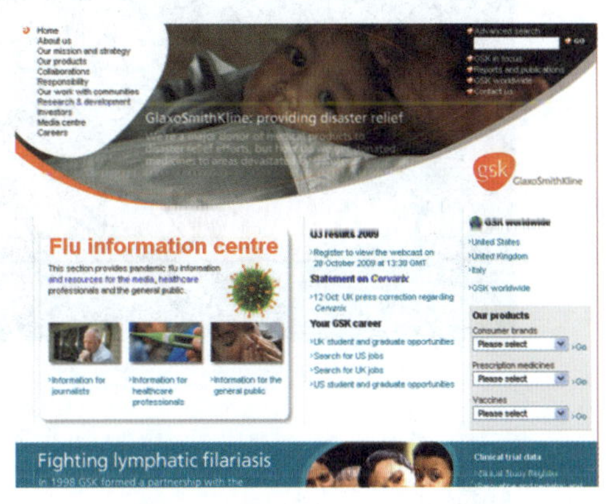
图 10-50　起与受的呼应

（2）图与地。

明暗逆转时，图与地的关系就会互相变换。一般印刷物都是白纸印黑字，白纸称为地，黑字称为图。相反的，有时会在黑纸上印上反白字的效果，此时黑底为地，白字则为图，这是黑白转换的现象。黑底白字的网页如图 10-51 所示，白底黑字的网页如图 10-52 所示。

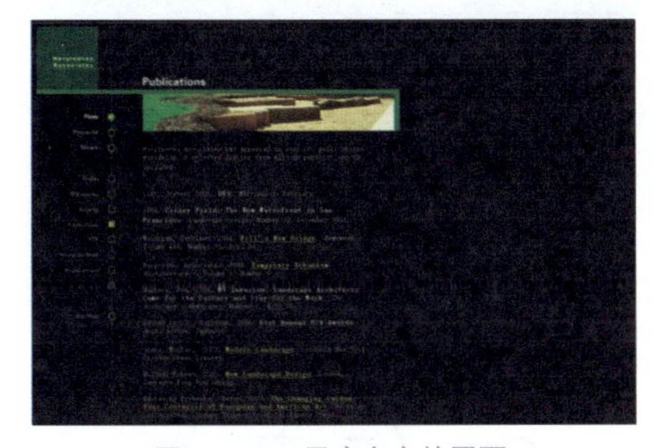
图 10-51　黑底白字的网页

图 10-52　白底黑字的网页

（3）平衡。

走路踢到障碍物时，身体会因此失去平衡而跌倒，此时很自然地会迅速伸出一只手或脚，以便维持身体平衡。根据这种自然原理，如果人们改变一件好的原作品的各部分的位置，再与原作品比较分析，就能很容易理解平衡感的构成原理。平衡的网页构成效果如图 10-53、图 10-54 所示。

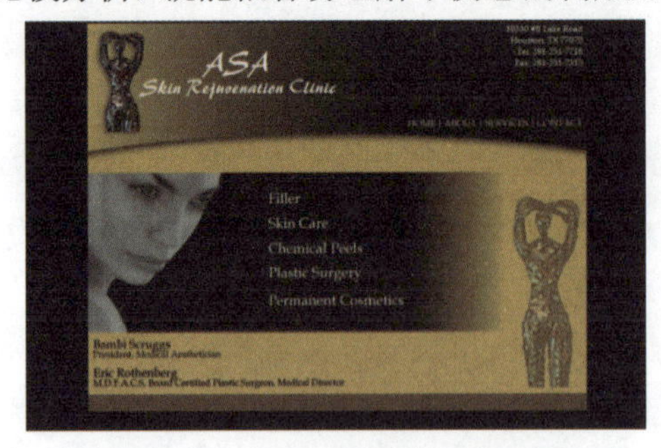

图 10-53　平衡的网页构成效果（1）

图 10-54　平衡的网页构成效果（2）

（4）对称。

以一点为起点，向左右同时展开的形态，称为左右对称形。应用对称的原理即可发展出漩涡形等复杂状态。对称的网页构成效果如图 10-55、图 10-56 所示。

图 10-55　对称的网页构成效果

图 10-56　对称的网页构成效果

日常生活中，常见的对称事物确实不少，如佛像的配置或神殿的配置等，对称会显出高格调、风格化的意象。

（5）强调。

同一格调的版面中，在不影响格调的条件下，加进适当的变化，就会产生强调的效果。强调打破了版面的单调感，使版面变得有朝气、生动而富于变化。例如，版面皆为文字编排，看起来索然无味，如果加上插图或照片，就如一颗石子丢进平静的水面，产生一波一波的涟漪。起强调作用的图片、文字如图 10-57、图 10-58 所示。

图 10-57　起强调作用的图片

图 10-58　起强调作用的文字

（6）比例。

希腊美术的特色为黄金比例，在设计建筑物的长度、宽度、高度和柱子的形式、位置时，如果能参照黄金比例来处理，就能产生希腊特有的建筑风格，也能产生稳重和适度紧张的视觉效果。长度比、宽度比、面积比等比例，能与其他造型要素产生同样的功能，表现极佳的意象，因此，使用适当的比例，是很重要的。通过很有逻辑性的公式换算加上一定的数学分析，得到对网页设计有建设性的概念指导，从一定程度上说算是一种创新。将其运用到网页设计来说，只要记住一个数字“1.62”就可以了。许多设计师在设计版面的时候都是随意制定一下宽度就开始他们的设计，往往会出现设置的宽度没有考虑到要表现的内容，在后期出现内容问题的时候就很受限制。还有很多开发人员在实现页面的时候，并没有完全依靠视觉效果图来实现，有时就大致目测一下，然后根据以往的经验来定制宽度，而这种宽度往往不能很好地适应他们的内容，所以，这时候黄金比例的使用就很重要了。

黄金比例不仅在大的布局上可以使用，在小的栏目设计中也可以灵活使用，可以细化到很小的设计元素，如一块图片信息展示区域。

在页面布局方面，一般都是比较弹性的，因为这样页面可以充满浏览者的屏幕空间，而不管视窗的大小尺寸是多少，这对于那些高分辨率宽屏的用户来说是有意义的。而对于坚持固定像素宽度的设计者来说，1024px×768px 就是王道，摒弃了两端的使用人群。

如图 10-59～图 10-62 所示，要为一个 950px 宽度居中页面来设计栏目，根据黄金比例原则，这样设计的 Web 布局具有一定的平衡感，整个页面也比较和谐。

除此之外，还有一些常用的理想比例，如德国标准比例（1∶1.41）、中国传统图案比例等。

图 10-59　利用黄金比例分割的页面

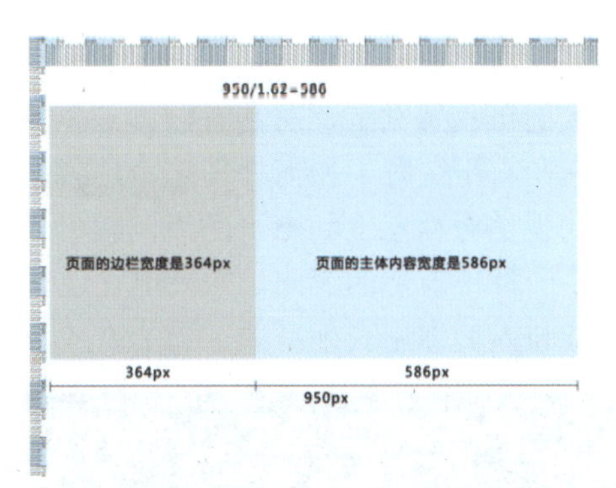

图 10-60　利用黄金比例分割的页面

图 10-61　黄金比例应用效果（1）

图 10-62　黄金比例应用效果（2）

（7）韵律感。

具有共通印象的形状，反复排列时，就会产生韵律感。不一定要用同一形状的东西，只要具有强烈印象就可以了。三四次的出现就能产生轻松的韵律感。有时候，只反复使用两次具有特征的形状，就会产生韵律感。如图 10-63～图 10-66 所示的页面具有轻松的韵律感。

图 10-63　不同图案排列的韵律感

图 10-64　不同形状大小排列的韵律感

图 10-65　人物动作变化排列的韵律感

图 10-66　不同大小色块排列的韵律感

（8）左右的重心。

在人的自我感觉上，左右有微妙的差别。如果画面的右下角有一处吸引力特别强的地方，则在考虑左右平衡时，如何处理这个地方就成为关键性问题。

人的视觉对从左上到右下的流向较为自然。编排文字时，将右下角留空来编排标题与插画，就会产生一种很自然的流向。如果把它逆转就会失去平衡而显得不自然。这种左右方向的平衡感，可能与人们惯用右手有关。重心在不同位置的页面布局效果如图 10-67～图 10-70 所示。

图 10-67　重心在左下角的页面布局效果

图 10-68　重心在右下角的页面布局效果

（9）向心与扩散。

在人们的情感中，总是会首先意识事物的中心部分。好像只有这样，才有安全感，这就构成了视觉的向心。一般而言，向心型看似温柔，也是设计师一般所喜欢采用的方式，但容易流于平凡。而离心型的排版，可以称为一种扩散型，它不利于文字的阅读和整体排版，所以一般发射形式多用于背景图片，或者一些小部分细节处理上。扩散式的网页构成和集中式的网页构成如图 10-71 和图 10-72 所示。

图 10-69　重心居中的页面布局效果

图 10-70　左右相对均衡的页面布局效果

图 10-71　扩散式的网页构成

图 10-72　集中式的网页构成

（10）统一与调和。

如果过分强调对比关系，空间预留太多或加上太多造型要素时，容易使画面产生混乱。要调和这种现象，最好添加一些共通的造型要素，使画面产生共通的格调，具有整体统一与调和的感觉。

反复使用同形的事物，能使版面产生调和感。若把同形的事物配置在一起，便能产生连续的感觉。两者相互配合运用，能创造出统一与调和的效果。形式统一的网站如图 10-73 和图 10-74 所示，色调统一的网站如图 10-75 和图 10-76 所示。

图 10-73　形式统一的网站（1）

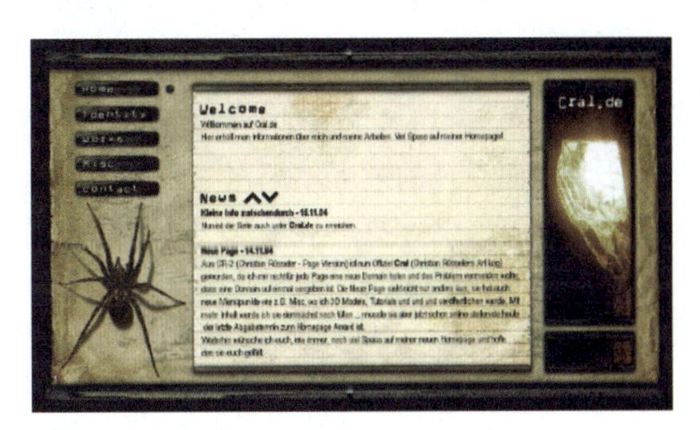

图 10-74　形式统一的网站（2）

图 10-75 色调统一的网站（3）

图 10-76 色调统一的网站（4）

（11）屏幕上字的大小。

多媒体影像通常是在计算机影像显示器（Monitor）或在电视机上呈现的。根据分析，为了视觉的舒适感，呈现在计算机影像显示器上最小且清晰的中文字型应为 16px（宽）×16px（高）点阵字型的细明体［细明体是 Microsoft Windows 中文版内附的中文字型，是由华康科技（今名“威锋数位”）制作的，当使用于不能显示中文字型名称的系统时，会显示为 MingLiU］。至于呈现在电视机上最小且清晰的中文字型应为 36px（宽）×36px（高）的点阵字型，这是因为电视机需要从较远的距离观看。从阅读习惯来看，为了配合人们横向阅读，中文的最佳状态是，一行最好不要超过 35 个字。字体编排合理的网页如图 10-77、图 10-78 所示。

图 10-77 字体编排合理的网页（1）

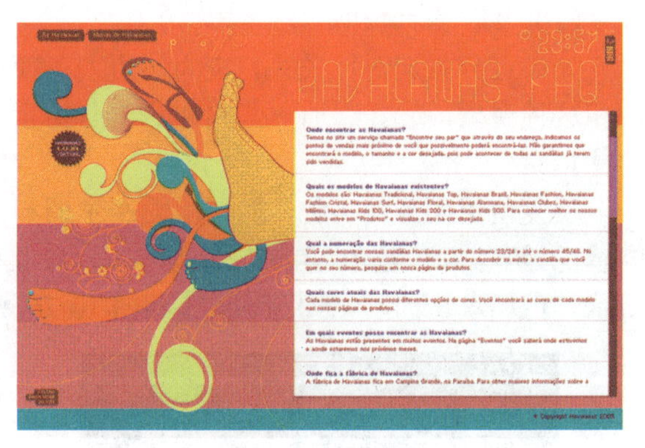

图 10-78 字体编排合理的网页（2）

一般来说，在进行多媒体视觉传达设计之前，首要决定的就是屏幕上字的大小的运用标准，这与一般平面设计的过程不尽相同。

观众一方面从计算机屏幕上所呈现的视觉表征得到信息，做出反应；另一方面根据其美感经验，从计算机屏幕上赏心悦目的视觉呈现，引起他的良好沟通情绪。一个赏心悦目的视觉呈现有赖于设计者的创意（Idea）、表现技巧（Technique）、编排（Lay-out）能力。

目前许多国内设计的计算机屏幕视觉呈现是依赖设计者的感觉来处理的，或者凭其多年的实践经验来完成。但是“感觉”对想学习多媒体设计的人是很难捉摸的，“经验”更是短期内难以形成的。因此这里将“美的原则”运用于网页设计的编排与构成，形成“网页平面构成原理”，从而帮助初学者；甚至对设计师而言，在其面临缺乏“感觉”的时候，也能创作出具有水准的作品。

10.2　页面布局的技巧类型

当设计者面对紧急的制作催促时，或是灵感匮乏时，有一些巧妙而又便捷的技巧类型能使设计者在短时间内设计出美观而又打动人心的网页界面。

1. 黄金分割布局

黄金分割是世界上最美的一条分割线，运用到网页设计上也是相当得实用和巧妙。图 10-79 和图 10-80 就灵巧地运用了这一黄金分割。图 10-79 中的文字和图片各执一边，但在我们的视觉感触上文字部分稍弱，甚至中间的一部分留白也被不自觉地划分到图片这一边，图片与留白相加正好与文字形成黄金分割的节点，这样的组合使人感到舒服而不紧凑。

图 10-79　图片与数字的黄金分割

日本的网页总是简洁不花哨，如图 10-80 所示就是典型的日本风格，白纸黑字，但黑字也不是随意写上的，按照现代人的视觉习惯尽量往左边填写，它并没有把短行文字放在正中间，而是运用了黄金分割的原理错落有致地把文字排放得简单雅致。

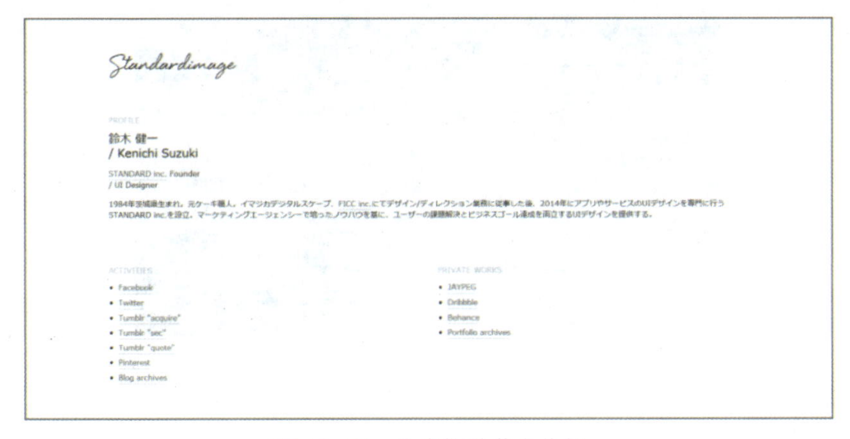

图 10-80　文字间的黄金分割

2. 左右对齐布局

如图 10-81 所示的页面是相当典型的左右对齐式，黄色与黑色均等地分割了整个页面，然后通过一个箭头相联系，这个网页一张图片也没有，但也并没有让人觉得枯燥，相反还觉得很独特，因为很少有人敢把页面设计成这样，也是令人印象深刻。

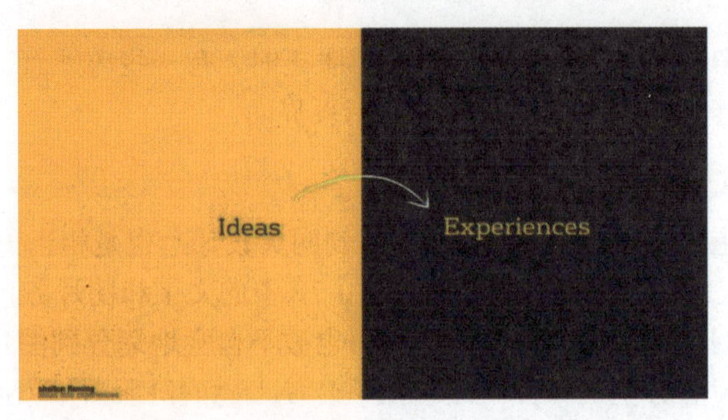

图 10-81　左右对齐布局

3. 全景式布局

全景式的方式是目前较为流行的布局方法，这种布局方法不仅十分时尚，而且十分大方，有很强的冲击感，多用于宣传企业形象等。图 10-82、图 10-83 就直接用了一张高清图片作为背景，文字很少甚至第一眼关注不到，相反图片却很引人瞩目。这类网页现在比比皆是，因为根据人一般的视觉习惯，往往图片比文字更吸引人，这类网站就抓住了这一要领，紧跟潮流步伐。

图 10-82　全景式布局（1）

图 10-83　全景式布局（2）

4. 卫星式布局

某些需要重点标注内容或是方位的网站需要卫星式的布局，同时一些图表类较多的网站也会运用这种布局。图 10-84 就是这样，需要在地图上标注还要说明，一个小小的页面怎能全部显示出来呢？设计者很聪明地运用这种放大标注的方法把该缩小的缩小，该详细的详细，不失为一个好方法。

图 10-84　卫星式布局

5. 照片组合式布局

照片组合式布局多被摄影网站或是需要大量图片说明的网站运用。图 10-85 把网站里的摄影作品密密麻麻地拼接在一起，让人眼花缭乱，让人很想去仔细看清每张图片，鼠标指针经过的地方黑白的图片就变成彩色的，打开其中某张图片就转换为二级页面，这也不失为一个好方法。而图 10-86 就没有图 10-85 那么紧凑，同为摄影网站，图 10-86 就显得从容些，照片也是错落有致地摆放，使浏览者的眼睛没有那么紧张。

图 10-85　紧凑照片组合式布局

图 10-86　从容照片组合式布局

6. 包围式布局

包围式布局的运用率较低，但在特殊说明时也不失为好的题材。如图 10-87 所示，使用图画的方式，就像在黑板上画画，勾起浏览者的某些记忆，同时也不严肃地表现网站主题，轻松活泼，很有意思。

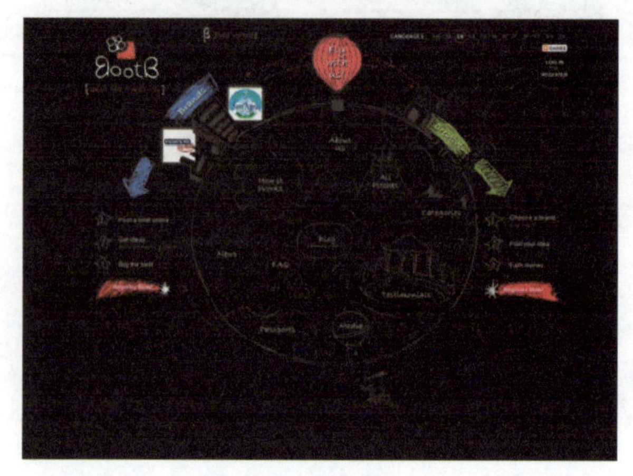

图 10-87　包围式布局

7. 散开式布局

有些网站并不需要大篇幅的说明内容，好的设计才是网站的卖点，所以这种反常规的设计方式也是一种好的选择，散而不乱才是这类网页的精髓所在。图 10-88、图 10-89 都是用了几个色块就把问题说得清清楚楚，看似零零散散的几个几何图形却有合理的设计在里面，同时颜色也运用得十分贴切，也是很好的设计诉求。

图 10-88　色块散开式布局

图 10-89　几何散开式布局

8. 单侧齐行式布局

在一些个人网站或是 3D 炫酷网站经常会运用单侧齐行式布局，轻触鼠标就可以跟网页进行互动。如图 10-90 所示的表单在网页的左侧，右侧的大部分都是装饰的构成，而且鼠标指针点到之处就会出现不同的动画，十分可爱。图 10-91 更是炫酷，虽然表面看起来是简单的环形设置，实则随着鼠标指针的移动会有不同的画面轮番出现，而且会出现不同的效果，高科技感十足，与以往的传统网页十分不同。

图 10-90　左单侧齐行式布局

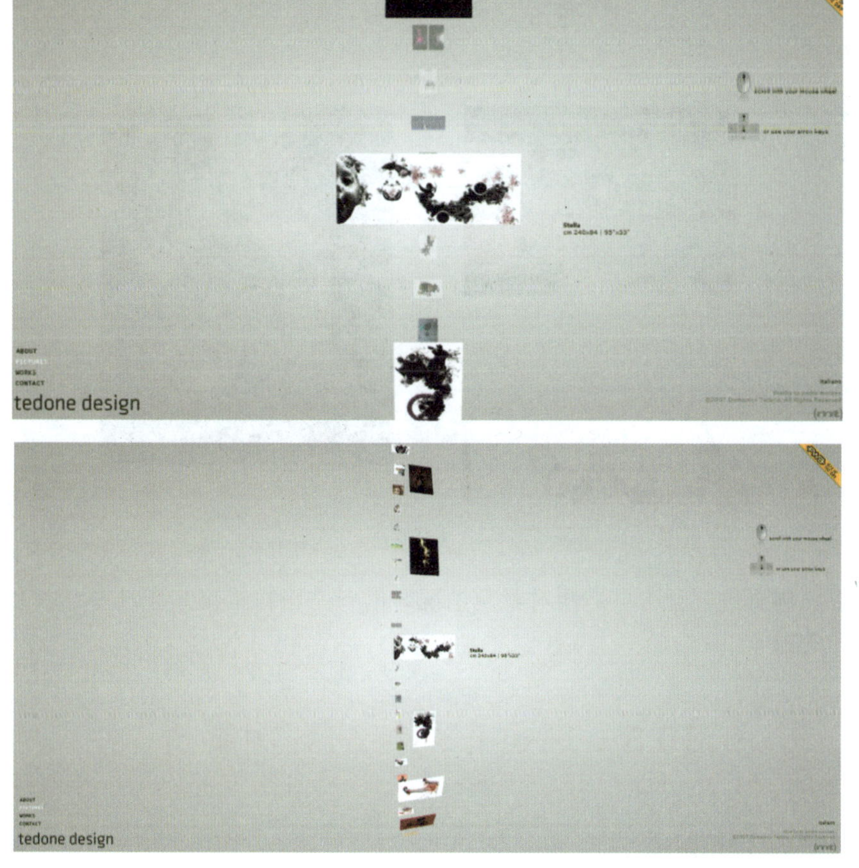

图 10-91　中齐行式布局

9. 对称式布局

对称式布局在页面上平衡的感觉给人以稳定、平和的效果，但并不是上下左右都要对称，只要上下、两侧之间达到一种制衡的关系，就可以达到一种对称的感觉。图 10-92 中不仅是图案，甚至文字也是相当得均匀，这种网页想要倾斜都会觉得很难。而图 10-93 虽然没有在图片的均等上下功夫，但两张小图片的相加等同于一张大的图片，这也是一种合适的对称方式，少了一些呆板，多了一份俏皮。

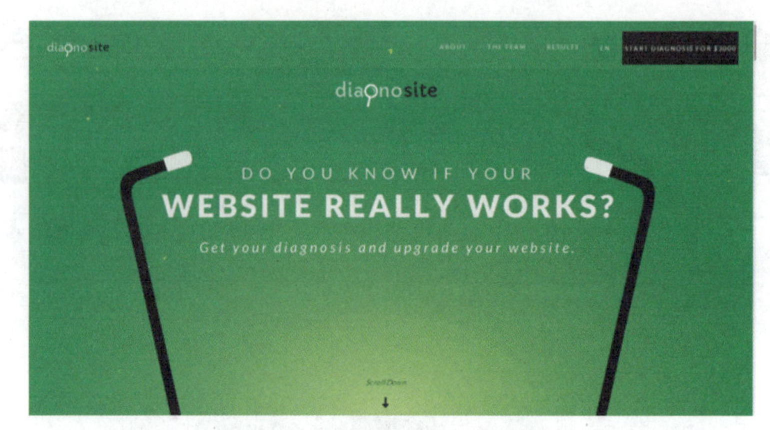

图 10-92　平均对称式布局

图 10-93　分量对称式布局

虽说可以照猫画虎，但这只是面对紧急情况时的一些应对措施，平时多看多想多动手才是灵感源源不断的根本。

10.3　网页布局结构案例解析

1. 悉尼水晶宫场馆网站

图 10-94 所示的网页大红色的背景色引人注目，并和页面中的红色形成对比。版式上是简单的横向分割式，但在细节上处理出丰富的层次感。

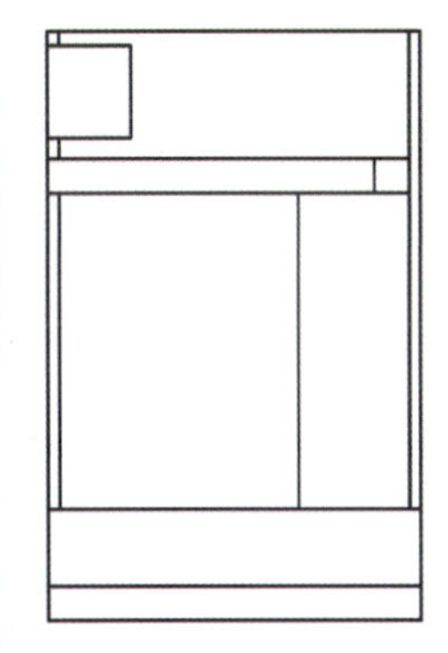

图 10-94　悉尼水晶宫网页

页头部分的 LOGO 和主导航栏、页中和页尾部分略带角度的图片，打破了原有页面的矩形外廓，制造出层次和变化，带给页面更多的灵动。LOGO 的设计富有变化和动感，颜色的设计和网页的整体色彩搭配相呼应。LOGO 的白色块下方放置着有透明度的白色矩形，给页头部分的处理增添了层次，制造出跳跃感。

页头部分呈现了一张充满欢乐气氛的图片，图片右上角明丽的烟花和左侧 LOGO 的白色产生平衡。图片下方的点状虚化和 LOGO 的图形虚化手法相同，相互呼应。页中部分的几处图片也出现了类似的点状处理，很好地体现了网页的整体感。这些细节的处理和大局的掌控都是一个优秀网页必不可少的。

网页中的图片、LOGO、导航栏都有一个白色的外框，部分白色外框还有一定的透明度设置，给网页创造了层次。图片、LOGO、导航栏在页面中的突破页面范围的放置或者带角度的斜置，给网页增添了生动感。

2. DESIGN BOMBS 设计网站

图 10-95 是一个设计网站，页面中的内容较多，但是在版式的设计上却清晰明了、张弛有度。页面布局在分割式的基础上进行了丰富。页面左右分成两大块，一块底色为黑色，一块底色为灰色。灰色块面积稍大，展示了数量不少的设计案例的图片。黑色块面积稍小，放置着文本形式的导航链接等。图片的绚丽丰富和导航栏的严谨条理相组合，使网页形成层次和秩序，在视觉上很好地引导了浏览者的视觉流程。

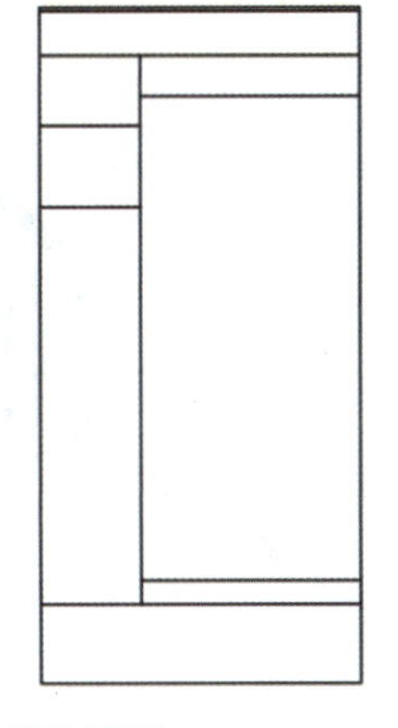

图 10-95　DESIGN BOMBS 网页

页头和页尾部分的卡通形象也是页面的亮点之一。页头和页尾的卡通图形贯穿了页面的左右分割，成为局部满版式设计，打破了页面的整齐和呆板。页头、页尾的白云和黑灰色块产生对比，调节了页面的气氛。页头部分的几块绿色和页尾的绿色相呼应，给黑灰色的主调带来生气。

网页的 LOGO 设计简约而不简单。拉丁字母分成黑和绿两色，其中的两个字母用替代的手法加以变化，很容易被认知和记忆。LOGO 在色彩和表现手法上都与页头和页尾的卡通很好地融合在一起，使网页更加整体。

3. 某基督教会网站

图 10-96 是一个基督教会的网页，充满热情的红色，张扬而温暖。页尾的红色与页头页中的红色略有区别，页头页中的红色中隐约的"+"字符号等图形给底色带来微妙的变化。黄色和白色的文本在红色的底色上保持了清晰度，并添加了层次感。整个网页的色彩搭配简洁清爽。

版式设计同样是简洁的框架式，页中部分各栏目区域划分清晰。因为色彩的简洁和版式的条理，视觉效果没有因为大面积的红色而感到刺激，感受的是温暖和宽厚。

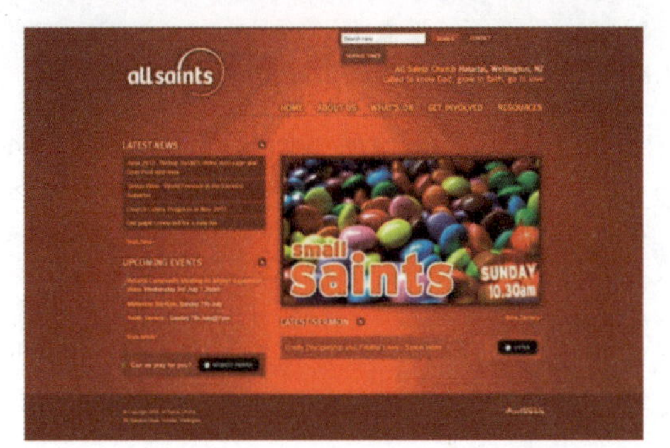

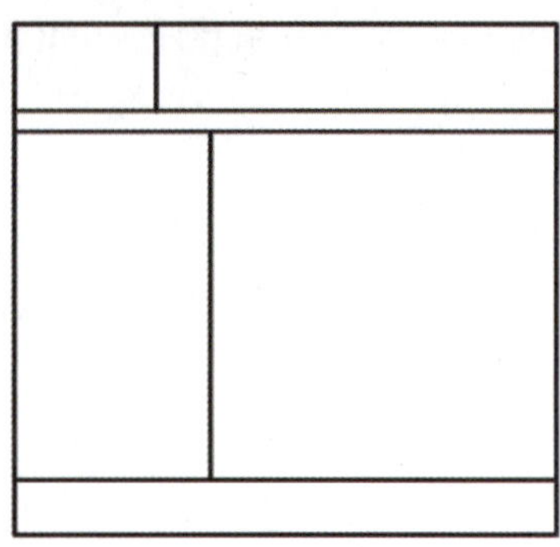

图 10-96　某基督教会的网页

4. 伊丽莎白雅顿网站

图 10-97 是伊丽莎白雅顿的官网页面。页头页中部分用纸页的形式展示，页中底部的阴影制造出立体感，页尾部分在灰色的背景色上。这一处细节打破了原本简单的版式，制造出层次和主次。

页头部分用醒目的 LOGO 展示出页面的主题。灰色的导航条把页头和页中部分隔开。页中部分又分成左右两部分，左侧是竖栏的导航，右侧是产品的展示。网页的颜色使用了品牌色，符合产品风格。

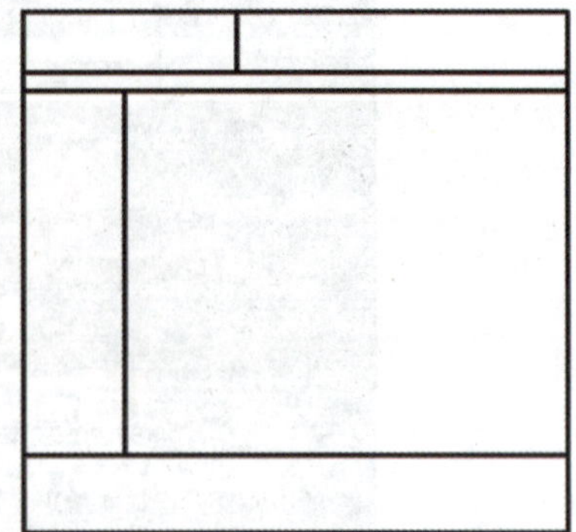

图 10-97　伊丽莎白雅顿的官网页面

5．Citricox 网站

图 10-98 所示的网页令人过目难忘。网页配色和版式的小细节使网页显得精致。主色调偏向黄绿，清新的绿色带来生机勃勃的感觉。页中部分的绿色过渡给网页带来小对比大调和的效果。

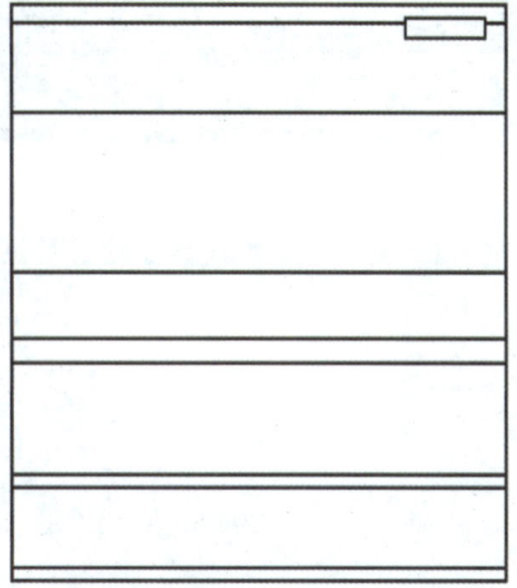

图 10-98 Citricox 网站页面

LOGO 的色彩和页中的文字、页尾的橙红色块相呼应，营造了细节上的小对比，在绿色块里制造了对比色的点缀。橙红色块和网页的主色调都含有黄色的成分，使颜色搭配得更加协调。页尾橙红色块和主色调的绿色块之间的白色块色起到了隔离和过渡的作用，使两个对比色衔接自然和谐。

网页的版式从分割式的基础上发展而来。本来简单的分割式，因为色彩的运用，使得原本简单呆板的横向分割式版面丰富又层次分明。

6．M50 网站

图 10-99 是 M50 的网页。第（1）个是 M50 的导入页面，属于 Flash 型，页面由富有设计感的黑白灰组成，整个页面效果简洁时尚。页面左侧是游动出现的是 Flash 风格的导航栏；灰色的文本并没有因为灰色的底色而削弱它的视觉识别。右侧的黑色块在充满质感的灰色底色上非常醒目，网站的 LOGO 和“ENTER”按钮一目了然。整个网页在视觉效果上分出了层次，突出了主题。

（1）

（2）

图 10-99 M50 网页及其结构

（3）

（4）

（5）

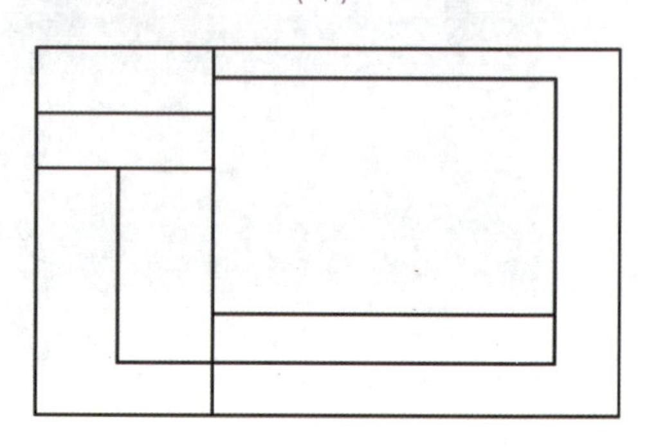

M50 网页结构

图 10-99　M50 网页及其结构（续）

网页的 LOGO 设计简单大方，容易被识别认知和记忆，风格和整个 Flash 网页相符合。第（2）～（5）图是 M50 的子页面。和导入页面一样，子页的底色虽然是黑色，但并不是平铺的黑色块，而是在左上角处理成富有光感的黑色块，并且呈斜线状分布，增添了页面的生动感。除图片的彩色之外，网页还延续了导入页的黑白灰的色彩搭配。

版式上采取了左右分割式（也叫左右框架式）布局，左侧是 LOGO 和竖导航栏，右侧是图片展示和联系电话等。版式简洁，信息的编排条理清晰。

7. 中国香港艺术节的宣传网站

图 10-100 是中国香港艺术节的宣传网页。页面采用了框架式布局，布局规律严谨。这个网页的精彩之处在于网页风格和气氛的制造。

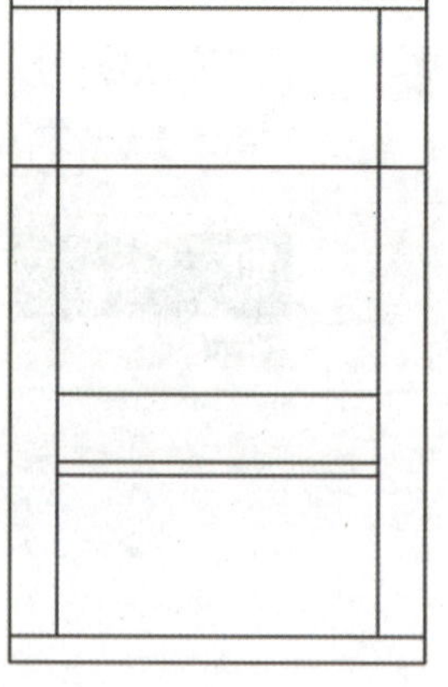

图 10-100　中国香港艺术节的宣传网页

页头部分采用了满版式的图片，并且是自由分割的色彩构成式图片，分割的几何色块在图片中闪烁跳动，显得年轻快乐，充满朝气。页头部分的图片处理成了半透明效果，橙色调和蓝绿色调因此更调和，和淡黄的页面底色浑然一体。除页头之外，页中和页尾部分也出现了类似元素的重复，隐约可见的几何色块，贯穿在整个网页中，形成一种风格。

页头和页中之间不是常见的色块或线性分割，而页头、页尾部分图片的虚化延伸，营造出页面的整体感。页中部分处理成有透明度渐变的白色，页中部分的上端因为透明度而模糊了边缘，与延伸下来的页头图片很好地融为一体。页中部分的下端呈现半隐半现的几何形底纹，显得页面层次清晰。

8. Tomlefrench 网站

图 10-101 是一个充满个性的个人网页，其中的动画效果非常漂亮。这个页面采取了黑白灰的色彩搭配。版式上使用了斜线网页设计，倾斜的设计构图与传统版式不同。它将人们的注意力从网页内容中吸引到这些不规则的图形设计上。

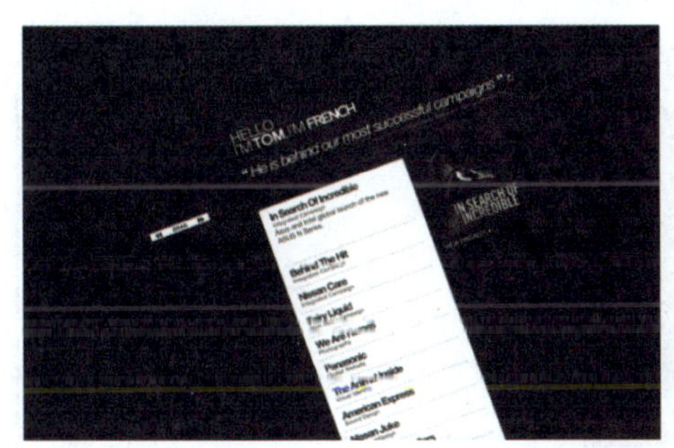
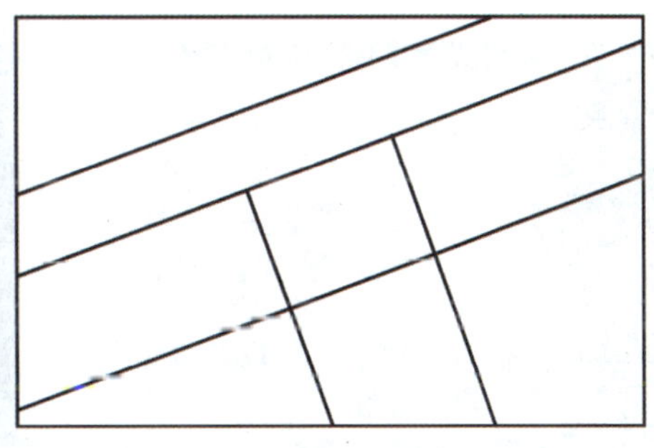

图 10-101　Tomlefrench 网页

通常很多内容繁多的网页会采取横平竖直的大布局，在局部添加斜线设计，这样很容易取得大调和小对比的效果。而这个网页却采取整体斜线布局的设计，在局部添加了水平元素。导航等信息清晰可见。斜线布局使得网页生动夺目，具有现代感。当然，如果是内容繁多的页面，在这样的版式上很容易呈现打乱无序感。另外，斜线的网页设计的难点是平衡感，而此网页中巧妙地使用了大面积的白色稳定了页面的重心。

图 10-102、图 10-103 是 Tomlefrench 网站中的个人介绍页面。网页版式是横向分割式。图 10-102 的网页分成三部分，中间部分是横穿网页的图片和文字信息，上、下两部分有一些文字信息。图 10-103 则是将中间部分在此分割为三部分，整个页面版式和色彩搭配虽然简单，但是因为文字的设计，显得极具设计感。

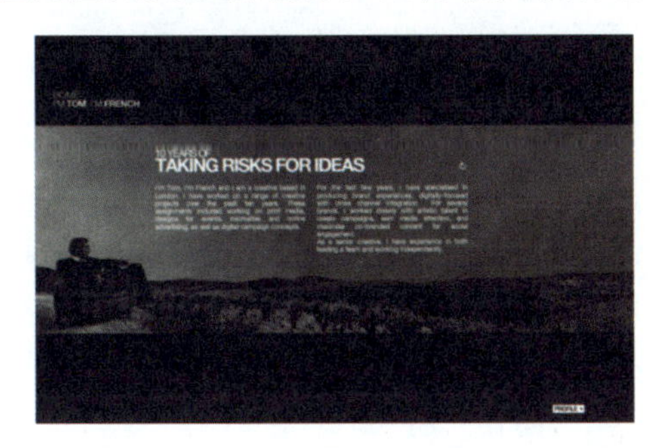

图 10-102　Tomlefrench 个人介绍页面（1）

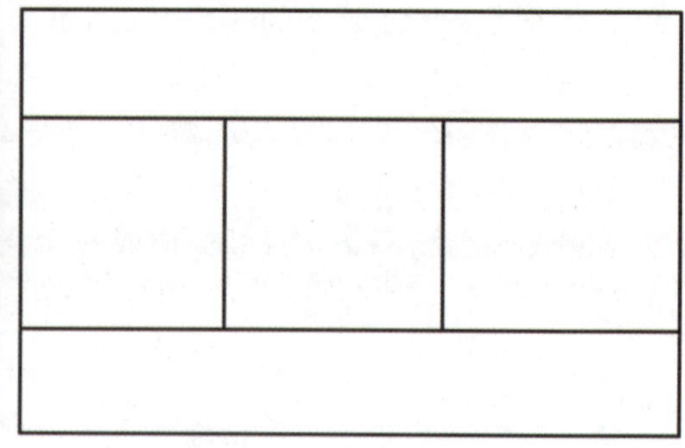

图 10-103　Tomlefrench 个人介绍页面（2）

9. 澳洲公平委员会网站

图 10-104 是澳洲公平委员会（Fair Work Australia）的网站，在网站里可以提交并被评选优秀网页设计。此网页版式是横向分割式和拐角式的结合。

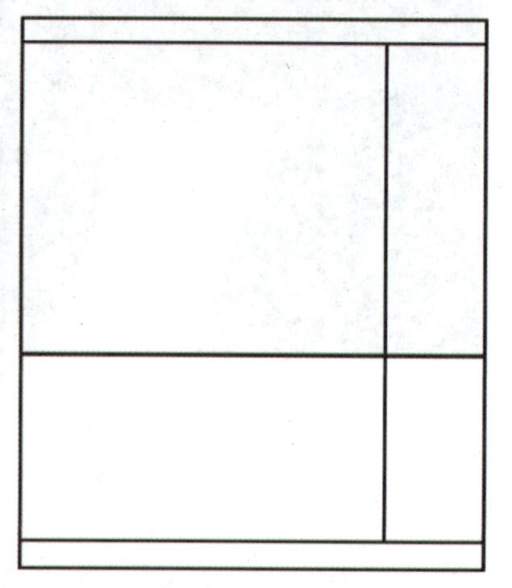

图 10-104　澳洲公平委员会网站主页

一般来说，展示内容繁多的页面很容易使网页显得杂乱或者呆板。这个页面虽然内容繁多，但整个页面因为版式设计显得整齐条理却不乏生动。

页头和页尾面积很小，包含内容也少。页中部分用黑白底色分成上下两部分，又用图片和阴影效果将页中分成不对称的左右两部分，面积的分割给页面制造了层次感，让页面不会因为内容的繁多显得呆板。

网页的色彩设置采用了黑白灰，简洁的无彩色设置衬托了页面中色彩斑斓的图片，带来视觉上的层次感。

10. 自由插画家网站

图 10-105 是一个自由插画家的个人网页，页面展现了独特的个人风格。虽然页面是简单的横向分割，但是分割并不是传统的矩形分割，而是通过不同的肌理效果和质感来进行分割的。通过材料的颜色质感和肌理效果，传达出浓郁的艺术感和不可复制性。网页的版式虽然简单，但是采用了独特的底纹和质感来填充页面，传达出页面的设计感。

另外，页中部分的纸壳区域，徒手撕出的偶然线条是不可复制的，页面上流畅的曲线纹样和纸壳的边缘产生了对比，精致和粗犷带来的矛盾给人印象深刻。页尾部分的几个链接图标和上面的英文设置也别具特色，通过纸洞透出的图标、手写风格的英文文本等，这些小的细节都给页面增添了趣味性和设计感。

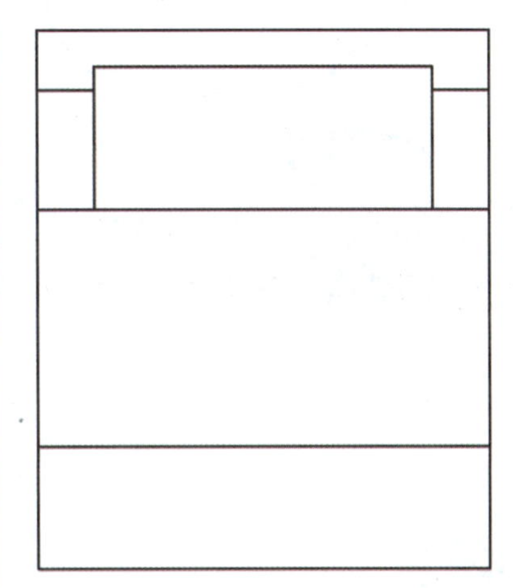

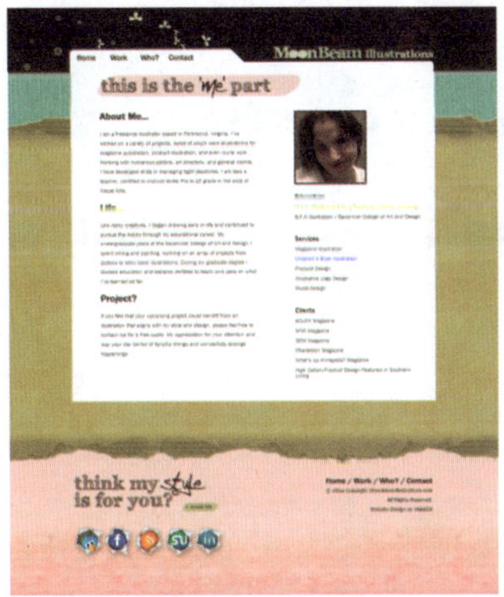

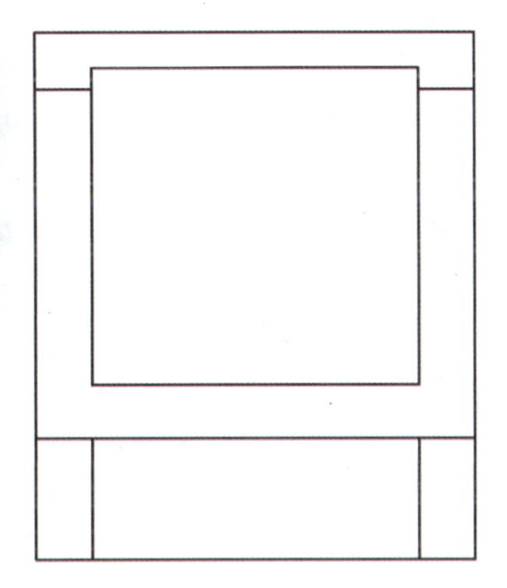

图 10-105　自由插画家的个人主页

第 11 章

流行趋势

自从第一个网站在 20 世纪 90 年代初诞生以来，设计师们尝试了各种网页的视觉效果。早期的网页主要由文本构成，还有一些小图片和毫无布局可言的标题与段落。如今，网页已发展到各种形式各种类型的不同风格，而现在正处于一个网页设计趋势的转型期，网页布局现在有哪些流行趋势呢？下面一一介绍。

11.1　扁平化

现在的界面设计如图 11-1～图 11-3 所示，页面中去掉了多余的透视、纹理、渐变以及能做出 3D 效果的元素，这样可以让“信息”本身重新作为核心被凸显出来。同时在设计元素上，则强调了抽象、极简和符号化，带给用户更加良好的操作体验。因为可以更加简单直接地将信息和事物的工作方式展示出来，所以可以有效减少认知障碍的产生。

图 11–1　3D 效果扁平化

图 11-2 部分扁平化

图 11-3 全屏扁平化

11.2 分割屏幕

在网页设计中用线或者面来分割屏幕也是现在很重要的一种趋势，按照内容的重要性进行排序，重要性会体现在设计的层次和结构上，如图 11-4～图 11-6 所示，可以使设计者突出内容的重要性，并且让浏览者迅速在其中做出选择。除此之外，还有斜线分割、块面分割、主题分割等，这些递进式的分割使用户的浏览思维就像有导游领导一样，按照设计者的设计思维走，设计这类网页的设计者也是十分精明的。

图 11-4 内容不同种类分割

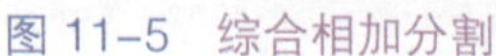
图 11-5 综合相加分割

图 11-6 递进式分割

11.3 视频背景

有些网站（图 11-7～图 11-9），其宣传片或宣传手段主要以视频为主，而且就目前而言，带有视频的网站更易吸引浏览者的兴趣，仅仅通过一个简单的宣传片就能深刻了解网站的主题或网站诉求，对浏览者更是一种简洁、方便的功能需求。动态的东西总比静态的图片更加引人注目，所以如有条件，在网页上放上一个小视频也是不错的选择。

图 11-7 选择式视频

图 11-8 单独式视频

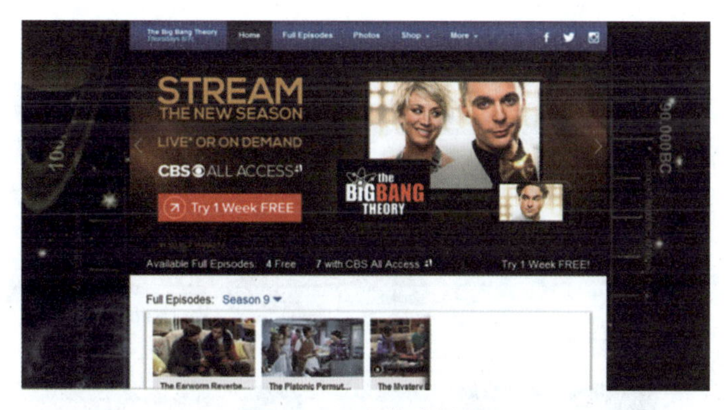

图 11-9　变换式视频

11.4　基于模块或网格

现如今的网页如图 11-10～图 11-12 所示，并不单纯限于将文字与图片结合在一起，文字与图片结合起来可以形成一个小的部分，再由小的部分组合为一个整体的页面，是现如今网页设计的主流，模块或网格的组合在各个网站中已经很常见了。这与分割画面有些类似，但不同的是模块网页去除掉图片以后就可以形成一个有规律的网格，而分割画面往往是随心而动的，依靠内容进行分割，往往很少有规律可言。

图 11-10　模块大小不同

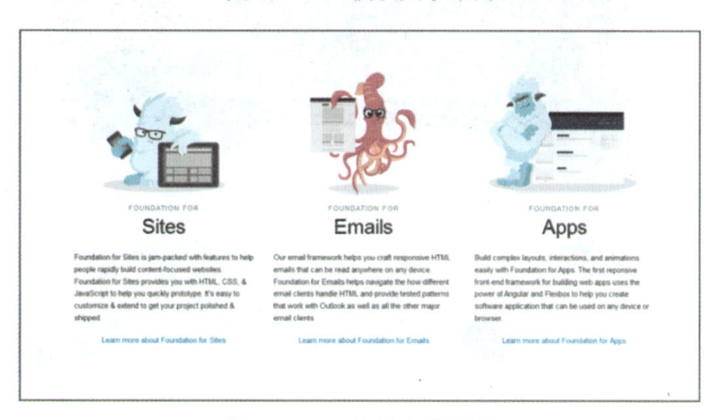

图 11-11　模块大小同等

图 11-12　多种类型模块

11.5　独特的导航栏菜单

随着人们审美的提高，对导航栏的欲求也并不满足于简单的条形文字，第 2 章也曾提过，人们需要更有突破力的导航栏，最好与正文网页一样精彩，单独拿出来也是很好的艺术作品。如图 11-13～图 11-15 所示，这些导航栏本身就是经过细心设计的一个完整页面，这样精心的设计有人会不喜欢吗？

图 11-13　形象类导航栏

图 11-14　隐藏式导航栏

图 11-15　中心式导航栏

综合案例解析

师傅优家网站是维修师傅服务到家的，专注于岛城家庭维修 O20 服务移动平台，网站的目的是为了给用户带来生活的便利和各种帮助服务。

该网站致力于提供及时、高效、权威的灯具照明、锁具、水暖卫浴的安装与维修服务。随着社会的发展，人们越来越注重"服务"的质量。同样服务引导着人们的消费感受和方向，在这样的环境背景下，想要获得更多的客源，服务转型是商家们不得不面对的现实。通常情况下商家为客户提供售后服务，采取的都是雇佣工人为正式员工或聘用临时工，在这种情况下，经常会面临着旺季用工难、人工成本高和难以培训工人技术和服务的问题，当服务转型势在必行和用工问题日益凸显相碰撞时，如何才能轻松地提供优质服务？

师傅优家网站的诞生，正是解决这一难题的良好契机：在工人师傅网平台上，工人师傅可以随时随地接单，无论淡季还是旺季，都能轻松找到合适的师傅。工人师傅网平台根据市场情况给出报价范围，工人师傅需按照该参考值报价，不用再担心人工成本高的问题。入驻工人师傅网平台的所有师傅都会经过严格的专业培训，合格之后颁发证书，授予资格。

12.1　网站建站目标以及功能定位

鉴于以上对师傅优家网站的认识，初步拟定需要做好以下工作：

网站需要实现哪些功能；网站开发需要使用什么软件及硬件环境；需要多少人，多少时间；需要遵循的规则和标准有哪些。同时需要写一份总体规划说明书，包括：网站的栏目和板块；

网站的功能和相应程序；网站的链接结构；如果有数据库，进行数据库的概念设计；网站的交互性和用户友好设计。

1．建站目标

① 为岛城家庭提供维修020服务移动平台，给用户带来生活的便利和各种帮助服务。

② 致力于提供及时、高效、权威的灯具照明、锁具、水暖卫浴的安装与维修服务。

2．功能定位

为广大用户提供及时、高效、权威的水龙头管件维修、开锁、门窗维修、电暖、水暖维修、灯具电路维修。

3．网站整体风格

网站的大多数客户群为年轻时尚人士，熟悉或经常使用网络购物等方式，因此网站的整体布局可不必拘泥于传统网站的布局形式，整体色彩应该轻快简洁，标志的标准色为橘色，应多用暖色相互应。

4．网站的结构和内容

根据网站的功能定位以及整体风格，网站结构按照内容涵盖范围大小划分为：banner区、轮播海报区、功能区、展示区、公共信息区。

① 颜色设定。

在网页设计中，根据和谐和重点突出的原则，将不同色彩进行组合、搭配来构成网站页面。由于师傅到家的标准色是橘色与黄色（R232、G147、B22，R248、G177、B35）因此网站的颜色多采用此类色，而底色为白色或淡淡的灰色，体现网站简洁易用的风格特征，最后一栏公共信息采用深灰色，使整个网站有一个重颜色，形成稳定和谐的风格。

② 布局设定。

页面设计作为一种视觉语言，特别讲究编排和布局。由于师傅到家定位于年轻时尚人群且要求高效快速，让有需求的用户能够快速找到相对应的服务才是最重要的，也能让不方便电脑操作的用户随时随地方便下单。因此二维码的展示与功能通道应该是最重要的部分。师傅到家的主页采用垂直分割布局，结合用户以滚动浏览的习惯，将展示与使用结合，甚至能让第一次就接触的用户迅速上手，如图12-1所示为构思出草图，下面主要对图12-1（a）进行分解。

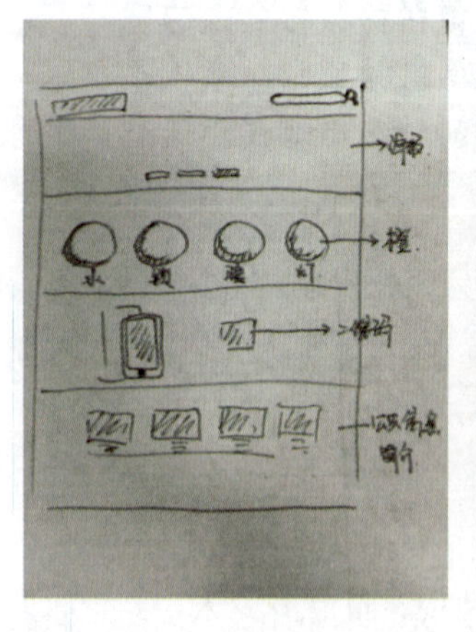

（a）

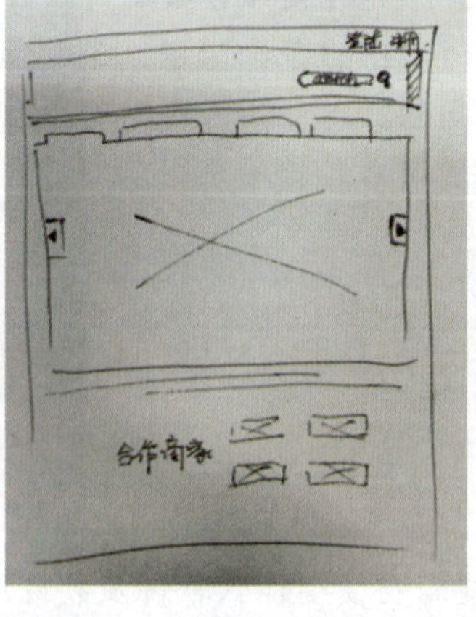

（b）

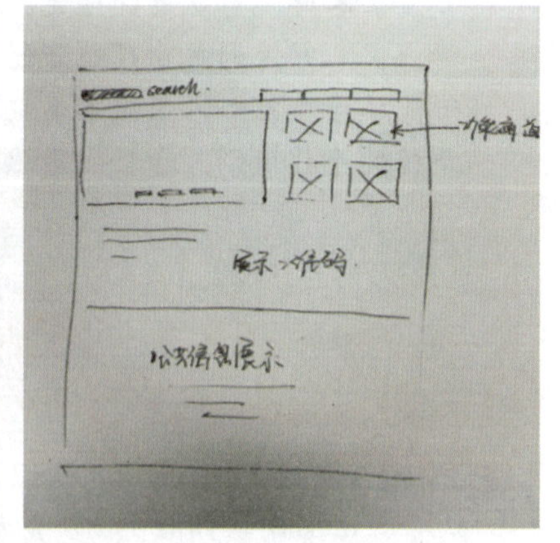

（c）

图12-1　构思草图

12.2　网站的整体设计与制作

网站的整体设计如图 12-2 所示。

图 12-2　网站整体设计

具体操作步骤如下。

Step 01 根据网站的内容和定位新建文件，设置如图 12-3 所示参数。按住鼠标左键，从标尺中拖曳辅助线，根据草图分割页面布局，效果如图 12-4 所示。

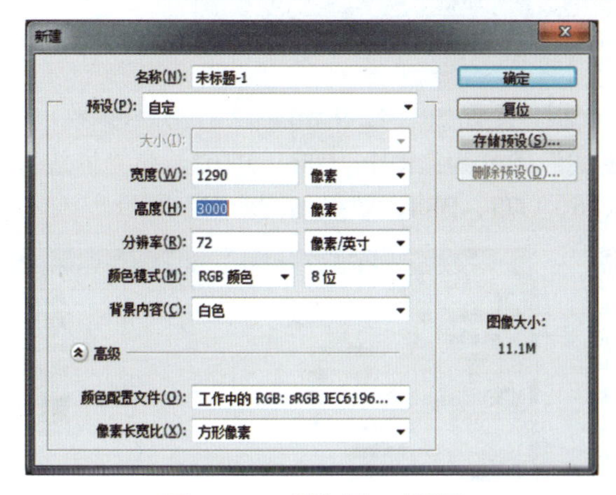

图 12-3　“新建”对话框

图 12-4　分割页面布局

Step 02 激活“矩形”形状工具，设置属性栏为“形状”选项，分别设置不同灰度的填充色，依次绘制矩形来呈现布局（5 个灰度只是为了区分功能区），分别为 banner 区、轮播海报区、功能区、展示区、公共信息区，生成 5 个形状图层，效果如图 12-5 所示。

Step 03 以 banner 层为当前层，双击当前图层打开图层样式，在弹出的对话框中，设置如图 12-6 所示参数，其中渐变颜色为（R200、G200、B200 至 R255、G255、B255），单击“确定”按钮，效果如图 12-7 所示。

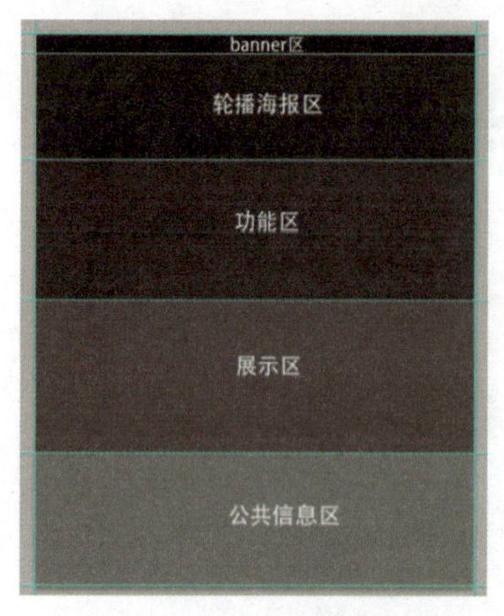

图 12-5　5 个形状图层

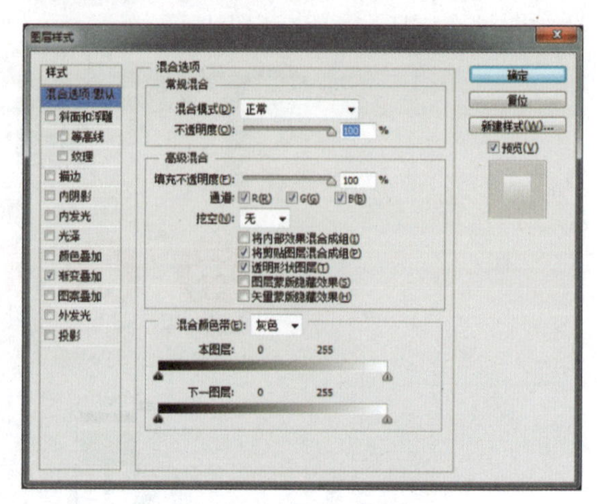

图 12-6　设置图层样式

图 12-7　填充渐变色

Step 04 激活“椭圆”形状工具，在属性栏中设置半径为 30px，在 banner 区右上角位置，绘制一个椭圆长条作为搜索栏，效果如图 12-8 所示。

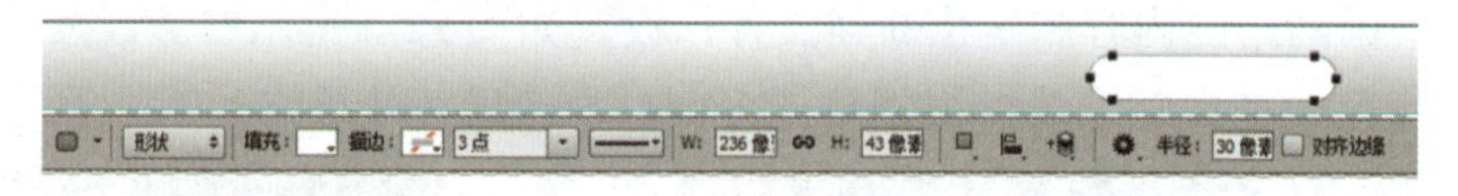

图 12-8　绘制搜索栏

Step 05 双击该图层打开“图层样式”面板，设置如图 12-9 和图 12-10 所示参数，在“斜面和浮雕”中，设置“高光模式”颜色为：R91、G86、B107。在“描边”中设置大小为 1 像素，颜色为：R76、G73、B84，效果如图 12-11 所示。

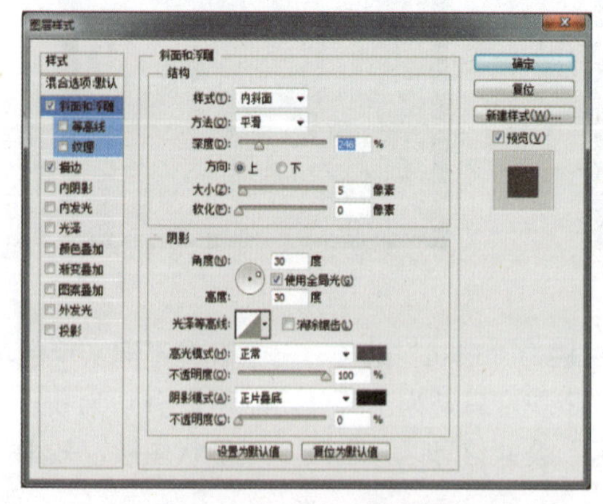

图 12-9　设置斜面和浮雕参数

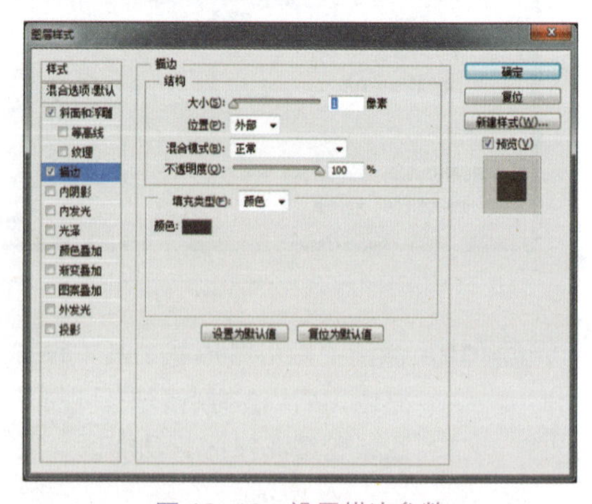

图 12-10　设置描边参数

Step 06 打开素材“放大镜”，将其复制至该文件中，双击该图层，打开“图层样式”面板并添加“投影”效果，如图 12-12 所示，设置“正片叠底”颜色为：R128 、G126、B135，单击“确定”按钮，效果如图 12-13 所示。

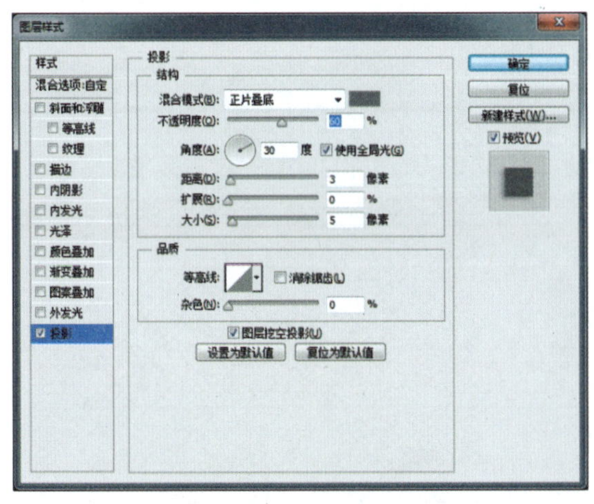

图 12-12 设置投影参数

图 12-11 效果图

图 12-13 效果图

Step 07 激活文字工具，在其属性栏中设置相应字体与字号，然后在椭圆搜索框内输入文字：“输入手机号查询订单”，效果如图 12-14 所示。

Step 08 打开素材“帅傅到家标志”并将其复制至 banner 区左侧，然后输入文字：“你身边的维修专家”，效果如图 12-15 所示。

图 12-14 输入文字

图 12-15 效果图

Step 09 激活“矩形”形状工具，在其属性栏中设置填充颜色为橘色(R277、G109、B18)，在 banner 区下方绘制一个细长的矩形长条，效果如图 12-16 所示，此时图层面板如图 12-17 所示。

Step 10 接下来制作海报区。以“轮播海报区”的形状图层为当前层，双击“缩略图”修改灰色为白色，效果如图 12-18 所示。

Step 11 打开素材“海报”将其复制至文件中，保证“海报”图层位于“轮播海报区”上方，效果如图 12-19 所示。右键单击“海报”层，在弹出的下拉菜单中选择“创建剪贴蒙版”选项，调整“海报”图层的位置，效果如图 12-20 所示。

图 12-16 矩形长条

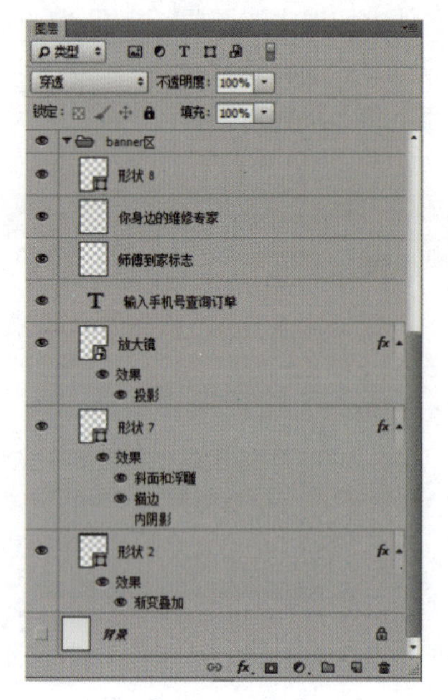

图 12-17　图层面板

图 12-18　修改颜色

图 12-19　复制素材

图 12-20　创建剪贴蒙版

Step 12 以“海报”层为当前图层，执行“滤镜”→“转化为智能滤镜”菜单命令，然后继续执行“滤镜”→“模糊”→“高斯模糊”菜单命令，在弹出的对话框中设置如图 12-21 所示参数，单击“确定”按钮，产生如图 12-22 所示的朦胧效果。

Step 13 单击图层面板底部的“添加图层蒙版”按钮，为其添加“图层蒙版”。激活“渐变填充”工具，设置如图 12-23 所示的参数，然后在位于该画面底部中间位置向右上角拖曳鼠标，使画面形成景深的效果，此时图层面板如图 12-24，改变当前图层“不透明度”为 80%，效果如图 12-25。

图 12-21 高斯模糊参数设置

图 12-22 朦胧效果

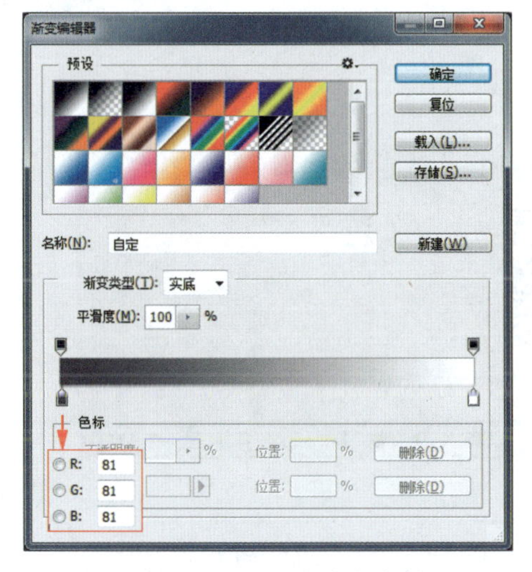

图 12-23 设置渐变色参数

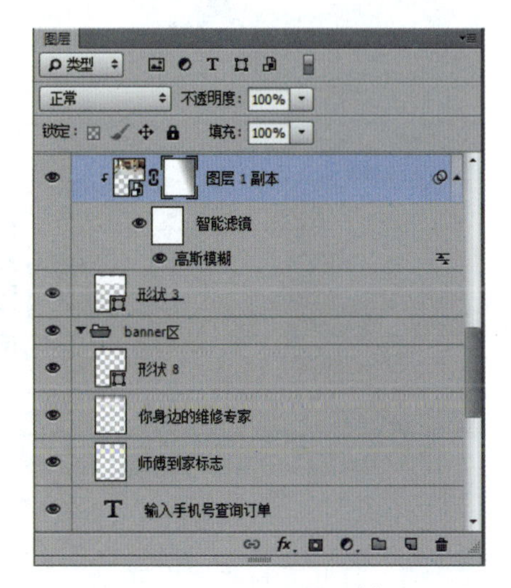

图 12-24 图层面板

图 12-25 调整图层不透明度

Step 14 单击图层面板底部的“创建新的填充或调整图层”按钮，在弹出的下拉菜单中选择“曲线”选项，设置如图 12-26 所示的参数，调整海报的整体亮度，单击“确定”按钮，效果如图 12-27。

Step 15 打开素材“二维码”并将其复制至该文件中，激活“文字”工具，设置相关参数并输入文字“关注微信扫码即可下单，让生活轻松一点”，效果如图 12-28 所示。

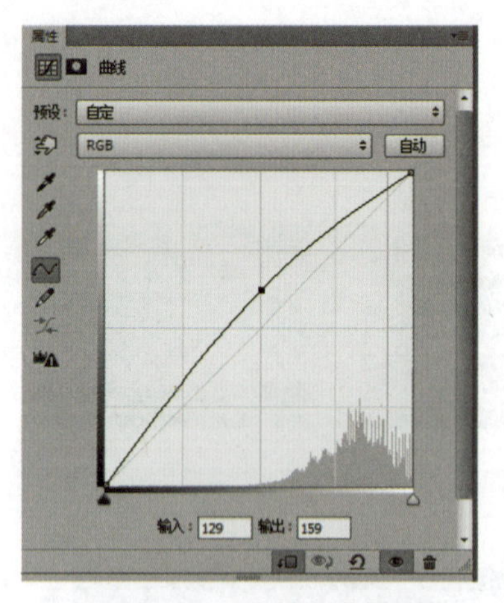

图 12-26　曲线参数设置

图 12-27　调整整体亮度

图 12-28　二维码效果

Step 16 打开素材“手机样机”及素材“手机截图”，然后将其复制至该文件中，调整其大小与位置，效果如图 12-29 所示，海报轮播区效果完成。

图 12-29　海报轮播区效果

Step 17 功能区主要为按钮通道。按钮分为按下、未按下、划过状态。这里只需制作按下和未按下状态。将未按下状态设为橘色底，白色图像；按下状态设为白色底橘色图像的线框模式（按下状态要比未按下状态大一点，这样 Flash 制作出按钮才会有效果）。

Step 18 复制功能区的形状图层，修改颜色为：R230、G230、B230 的灰色，单击 Ctrl+T 组合键，如图 12-30 所示，可以看到中心对称点，利用辅助线将功能区划分，这里划分要十分精确，左右两边的空白区域要相等，效果如图 12-31 所示。

图 12-30 修改形状图层颜色

图 12-31 划分功能区

Step 19 激活“椭圆形状”工具，按住 Shift 键绘制 4 个等大、等间距的圆形，效果如图 12-32 所示。

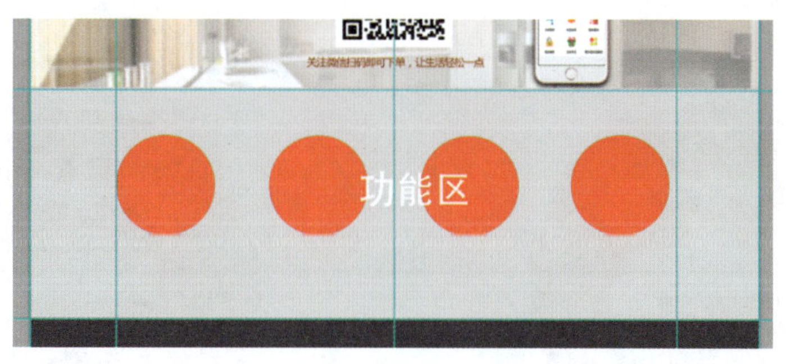

图 12-32 绘制 4 个圆形

Step 20 激活“钢笔形状”工具，绘制如图 12-33 的图形，双击当前图层，在其弹出的“图层样式”对话框中，设置如图 12-34 所示参数，投影颜色为：R151、G74、B15，单击“确定”按钮，效果如图 12-35 所示。

Step 21 继续绘制如图 12-35 所示的图形，然后复制上一步的图层样式粘贴至该步，效果如图 12-36 所示。

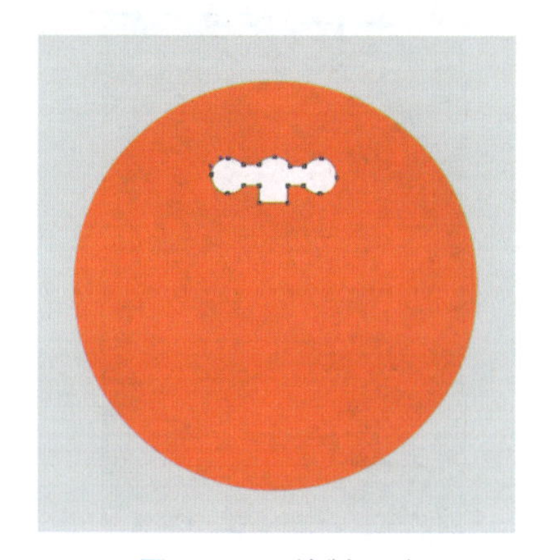

图 12-33 绘制图形

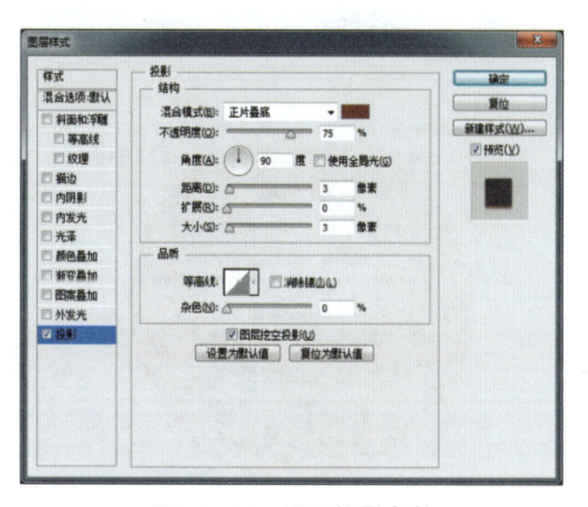

图 12-34 设置投影参数

图 12-35　绘制图形

图 12-36　绘制图形

Step 22　激活“钢笔形状”工具，绘制水滴形状，设置填充颜色为：R117 、G197 、B238，效果如图 12-37 所示。

Step 23　复制当前图层，修改颜色为：R79 、G165、 B209。在形状工具下，设置属性栏选项为“减去顶层形状”，在左侧绘制一个矩形，形成如图 12-38 所示阴影的效果。

图 12-37　绘制水滴形状

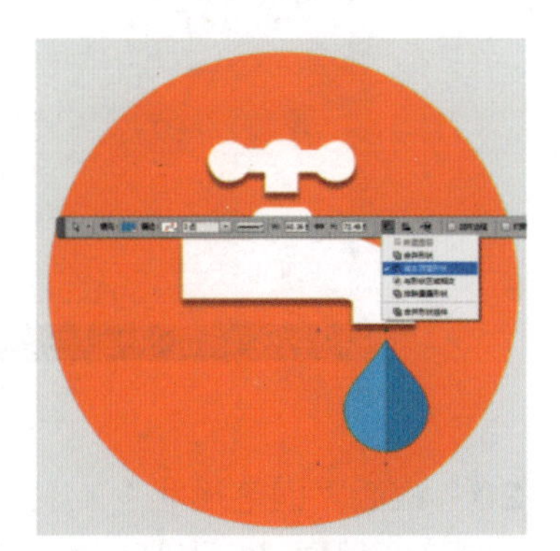

图 12-38　绘制阴影效果

Step 24　使用同样的方法再次制作白色水滴形状及灰色阴影，效果如图 12-39 所示，新建图层“水填色”组，将水龙头制作中的图层归并在“水填色”组，此时图层面板如图 12-40 所示。

图 12-39　绘制白色水滴形状

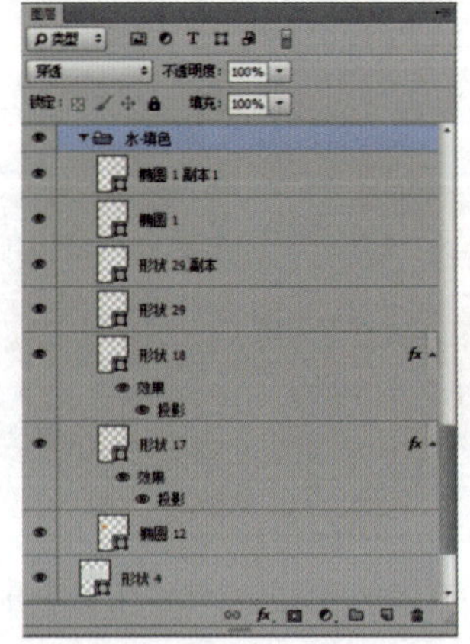

图 12-40　图层面板

Step 25 激活“圆角矩形”工具，在属性栏中设置半径为 10 像素，在第二个橘色圆形形状图层上的偏下位置绘制圆角矩形，并且复制粘贴之前阴影的图层样式，效果如图 12-41 所示。

Step 26 激活“钢笔形状”工具，绘制锁扣图形，并复制粘贴之前创建阴影的“图层样式”。然后将这个锁扣图层移动到锁身图层下面，效果如图 12-42 所示。

图 12-41 绘制圆角矩形

图 12-42 绘制锁扣

Step 27 激活“椭圆形状”工具，绘制一个正圆，设置属性栏选项为“减去顶层形状”，再在中间绘制一个圆形，形成一个环形，如图 12-43 所示。将形状工具切换到“矩形形状”工具，设置属性栏选项为“合并形状”，在环形下面添加一个矩形，效果如图 12-48 所示，并修改颜色为：R255、G239、B60。

图 12-43 绘制圆环

图 12-44 添加一个矩形

Step 28 复制“锁身”图层，然后双击该图层缩略图，改变颜色为：R220、G220、B220，利用制作水滴阴影的方法，创建如图 12-45 阴影效果。接着复制中间的黄色部分，改变颜色为 R246、G168、B23。使用同样的办法创建如图 12-46 阴影效果。新建图层“锁填色”组，将锁制作中的图层归并在“锁填色”组。

Step 29 激活“路径形状”工具，在第三个橘色圆形上，绘制如图 12-47 的形状并拷贝“图层样式”，复制两个。使用同样的方法制作如图 12-48 阴影效果。

图 12-45　绘制阴影效果

图 12-46　绘制阴影效果

图 12-47　绘制形状

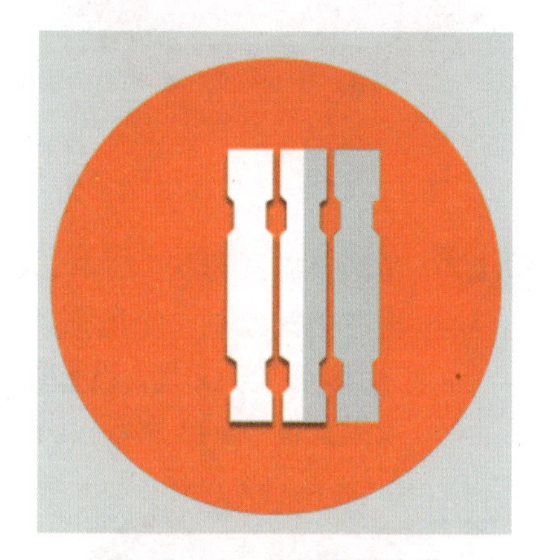

图 12-48　绘制阴影效果

Step 30 使用同样的方法，依次绘制水管与螺丝，效果如图 12-49、图 12-50 所示，新建图层“暖填色”组，将暖气管件制作中的图层归并在“暖填色”组。

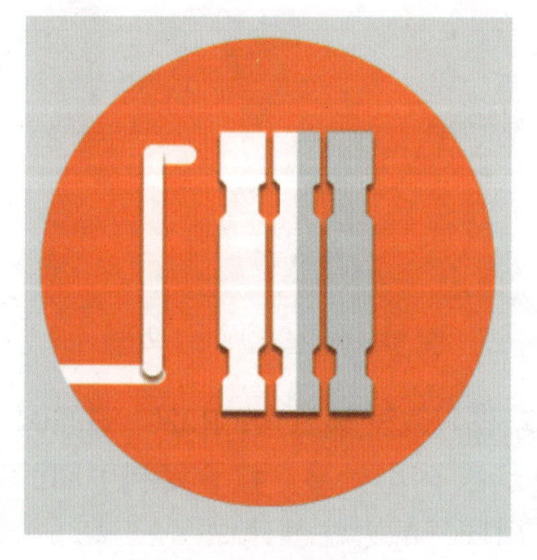

图 12-49　绘制水管

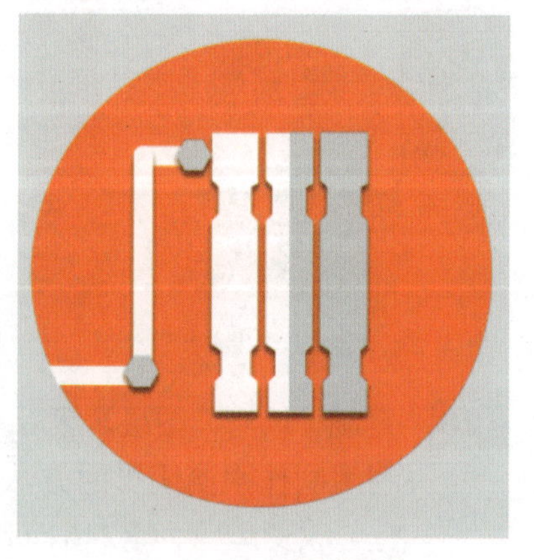

图 12-50　绘制螺丝

Step 31 新建“灯填色”组，依照如图 12-51～图 12-56 所示步骤完成灯的制作，灯泡颜色为：R246、G168、B23；灯泡的光线颜色为：R255、G239、B60。

图 12-51 绘制灯泡 1

图 12-52 绘制灯泡 2

图 12-53 绘制灯泡 3

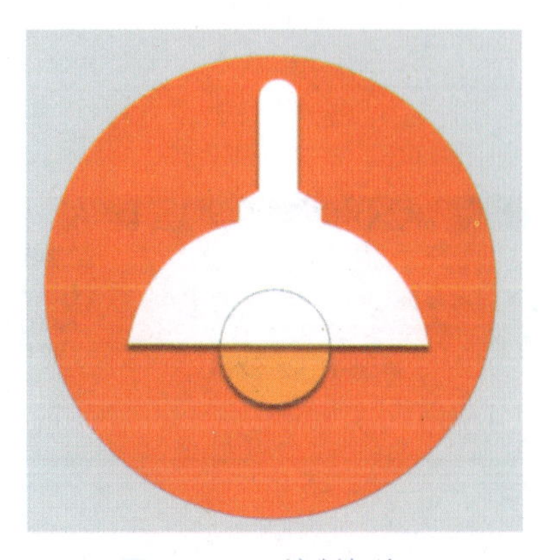

图 12-54 绘制灯泡 4

图 12-55 绘制灯泡 5

图 12-56 绘制灯泡 6

Step 32 激活“文字”工具在合适的位置输入文字：水龙头管件维修、开锁/门窗维修、电暖/水暖维修、灯具电路维修，效果如图 12-57 所示。

Step 33 接下来制作按下状态的按钮。复制“水填色”组，然后修改组名字“水-填色按下”组。双击圆形底图层，打开图层样式面板，如图 12-58、图 12-59 所示，设置“叠加”颜色为白色，“描边”大小为 2 像素，颜色为：R246、G168、B23，单击“确定”即可。修改水龙头的颜色为：R231、G111、B18，如图 12-60 所示。

Step 34 使用同样的方法，制作其他三个组的按下状态，最终效果如图 12-61 所示。

图 12-57 输入文字

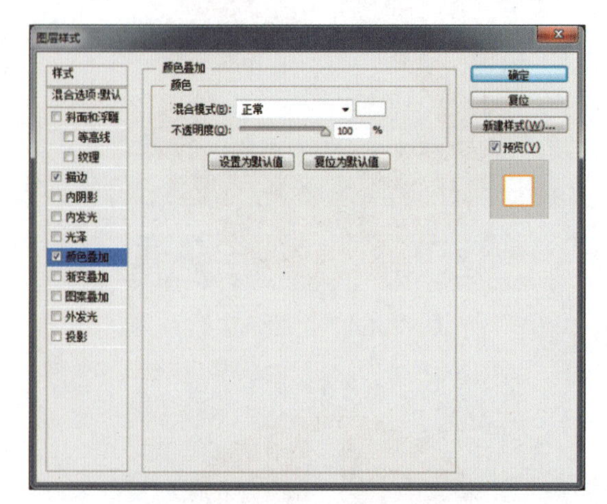

图 12-58 设置颜色叠加参数

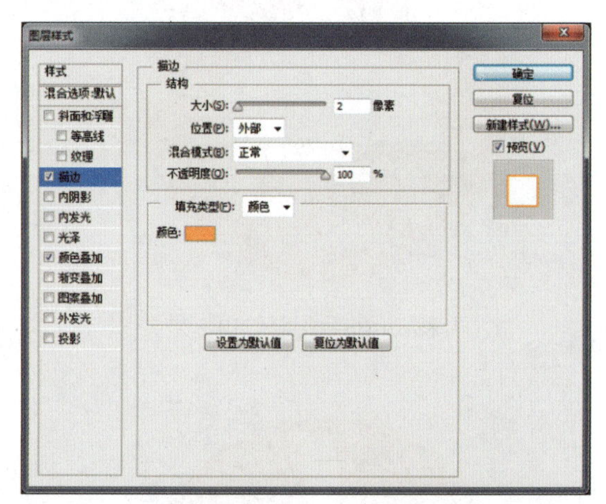

图 12-59 设置描边参数

图 12-60 修改水龙头颜色

图 12-61 其他三个组的按下状态

Step 35 修改展示区形状图层颜色为白色。打开素材“手机”、“手机截图-2”的文件，将其复制至该文件中，调整其大小与位置，效果如图 12-62 所示。

图 12-62 调整手机的大小与位置

Step 36 复制“手机”图层，按 Ctrl+T 组合键，右击，选择“垂直翻转”命令，将其移动到手机下方位置并对齐，效果如图 12-63 所示。单击图层面板底部的“添加图层蒙版”按钮，激活“渐变填充”工具，自上而下拖曳鼠标，渐变效果如图 12-64 所示。

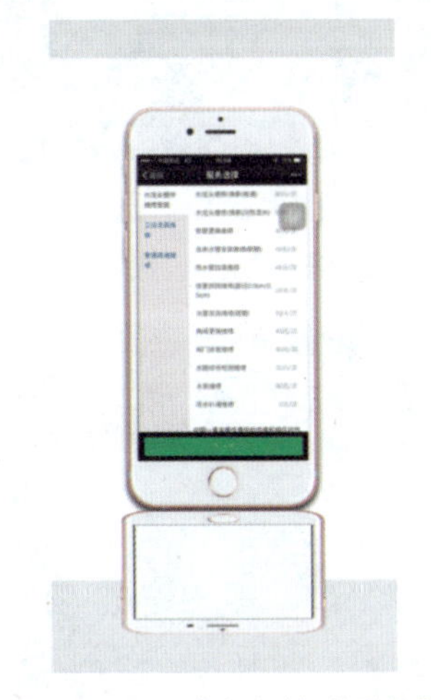

图 12-63 垂直翻转“手机”

图 12-64 填充渐变色

Step 37 使用同样的方法制作第二个手机。将手机缩小，在合适的位置更换素材“手机截图-1”，并制作这个手机的投影，其投影参数如图 12-65 所示，单击“确定”按钮，效果如图 12-66 所示。

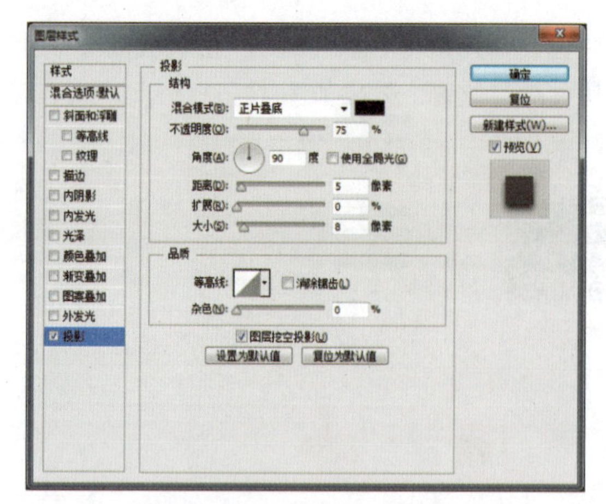

图 12-65　设置投影参数

图 12-66　投影效果

Step 38　激活“文字”工具，在手机的右侧输入相应文字，复制二维码，调整其大小与位置，完成后的展示区效果如图 12-67 所示。

Step 39　将公共信息区颜色修改为：R71、G82、B104，用辅助线划分一个大约 150px 的区域，如图 12-68。激活“钢笔形状”工具，设置填充颜色为：R164、G176、B194，绘制如图 12-69 的图形。复制该图层，修改颜色为：R133、G146、B165。利用属性栏中“减去顶层形状”选项，保留如图 12-70 的图形。

图 12-67　展示区效果

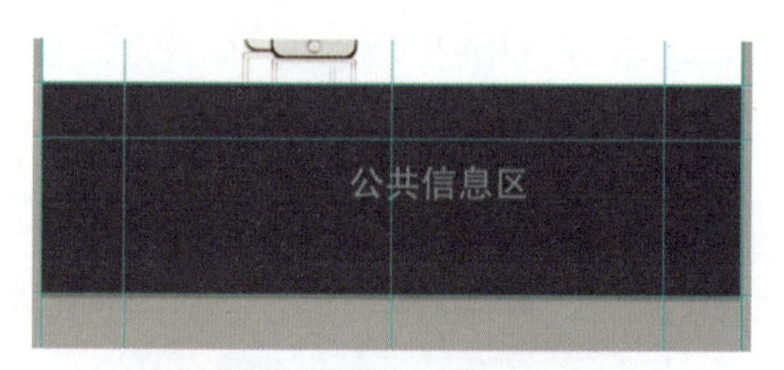

图 12-68　划分区域

图 12-69　绘制图形

图 12-70 修改图形

Step 40 继续使用“钢笔形状”工具，方法同上，经过如图 12-71、图 12-72 所示过程，绘制如图 12-73 效果，颜色分别为：R133、G146、B165；R71、G82、B104。

图 12-71 绘制图形

图 12-72 绘制图形

Step 41 将刚才绘制的几个图形全选后，单击鼠标右键，，如图 12-74 所示，选择“转化为智能对象”选项，合并为一个图层。

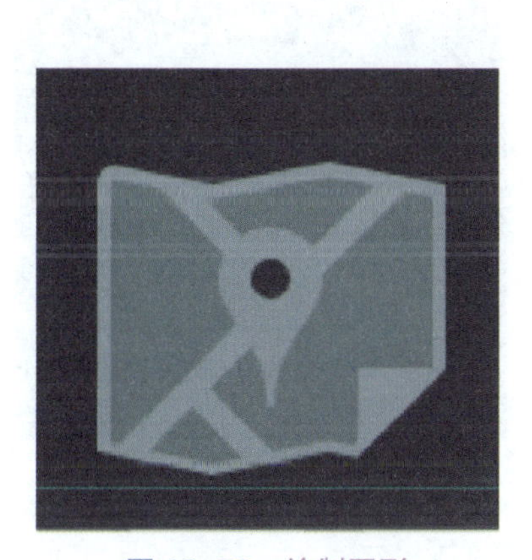

图 12-73 绘制图形

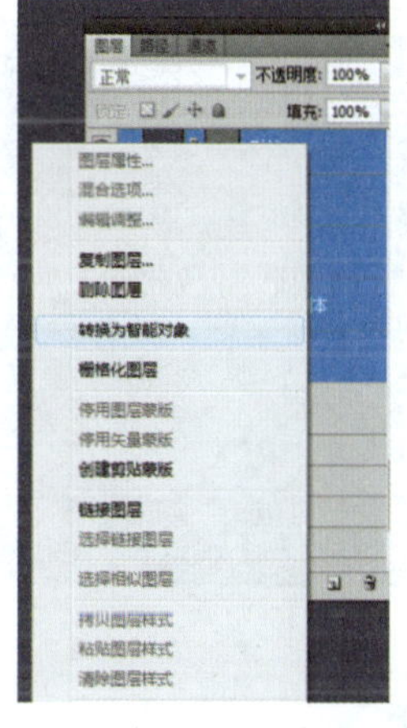

图 12-74 转化为智能对象

Step 42 使用同样方法绘制第二个图形，其过程如图 12-75～图 12-78 所示，颜色依次设置为：R240、G240、B240；R163、G172、B185；R118、G130、B150。然后将这几个图层转换为智能对象。

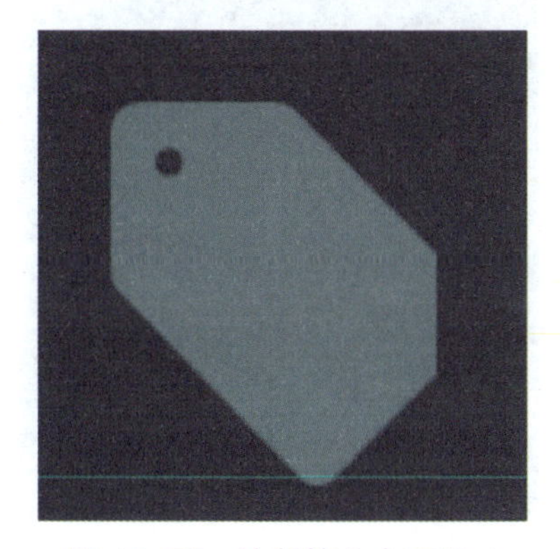

图 12-75 绘制第 2 个图形 1

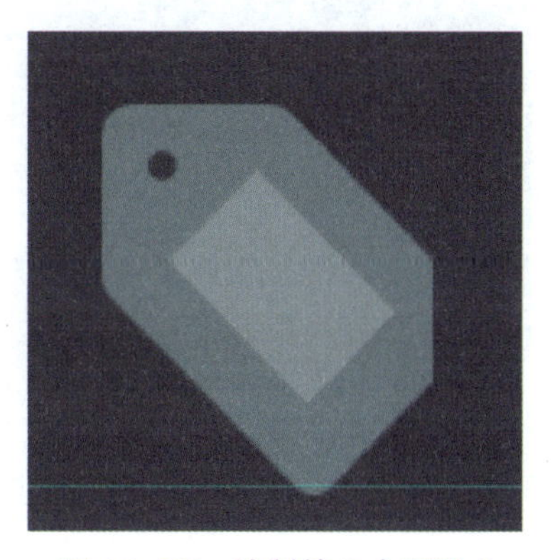

图 12-76 绘制第 2 个图形 2

图 12-77　绘制第 2 个图形 3

图 12-78　绘制第 2 个图形 4

Step 43 使用同样方法绘制第 3 个图形，其过程如图 12-79、图 12-80 所示，颜色依次设置为：R161、G171、B186；R133、G146、B165；R164、G173、B188。然后将这三个图层转换为智能对象。

图 12-79　绘制第 3 个图形 1

图 12-80　绘制第 3 个图形 2

Step 44 激活"圆角矩形"工具，在属性栏中设置圆角半径为 5px，颜色为：R133、G146、B165，绘制如图 12-81 所示图形。然后使用同样的方法绘制如图 12-82～图 12-84 图形，颜色依次为：R164 、G176 、B194；R71、 G82 、B104，然后将几个图层转换为智能对象，完成手提包的绘制。

图 12-81　绘制图形 1

图 12-82　绘制图形 2

图 12-83　绘制图形 3

图 12-84　手提包绘制完成

Step 45　激活“文字”工具，输入相关文字，并用形状工具绘制一条横线，颜色为：R92 、G100 、B117，效果如图 12-85 所示。

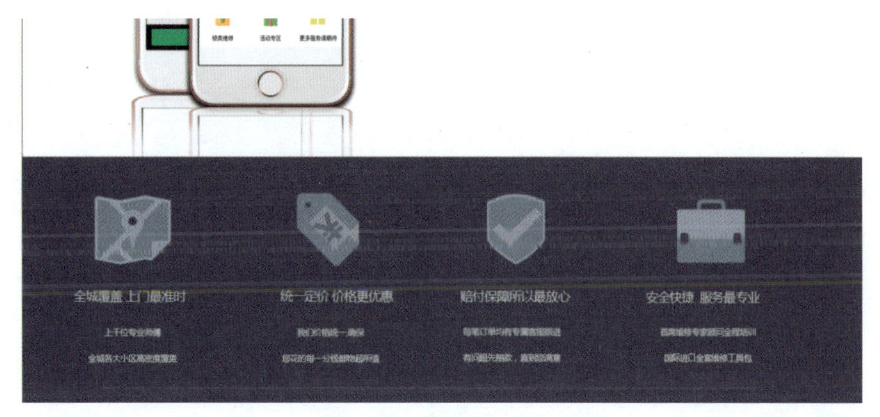

图 12-85　输入文字

Step 46　打开其他几个素材并复制至文件中，输入相关文字。复制“师傅到家”标志，双击该图层，打开“图层样式”对话框，设置“颜色叠加”为：R216、G216、B216，图层不透明度为 70%。双击“网络标图层”，打开“图层样式”对话框，设置阴影颜色为：R58、G68、B88。为网络图标素材添加圆环，粗细为 1 像素宽，颜色为：R174、G174、B174，效果如图 12-86。

图 12-86　完善信息